JH298053

これで万全！
有機反応メカニズム演習200

加藤明良

三共出版

はじめに

　有機化合物は，炭素，水素，酸素，窒素原子を中心に構成されているものがほとんどである。このような少数の元素からなぜ2,500万種類以上の化合物がつくられるのだろうか。それは炭素には結合の手が4つ，水素は1つ，酸素は2つ，窒素は3つあり，同じ元素同士で手をつなぐこともできるし，違う元素と手をつなぐこともできるし，その組み合わせは無限に近いからである。多種多様な化合物がどのように合成されるのだろうか？　現存する化合物の数を知っただけで，有機合成化学が嫌いになる人がいるであろう。数だけを聞けば，多くの人が嫌いになることは納得できる。しかし数に惑わされてはいけない。食わず嫌いもいけない。化合物は多種多様ではあるが，有機電子論をしっかりと身につければ，どのような化合物でも紙面上でつくる(合成する)ことができるのである。そのためには，できるだけ多くの事例にふれてどのようにしてその化合物を合成するかをトレーニングする必要がある。その手助けをするためにこの本「これで万全！有機反応メカニズム演習200」を出版した。

　この本の特徴は，1)有機反応メカニズムに焦点を絞っている，2)演習問題基礎編の前に，その章の反応メカニズムに関する概説を入れている，3)演習問題基本編と応用編からなっている，4)問題の直下に反応メカニズムの解説が書かれている，5)演習問題，反応メカニズムとそのポイントを2色で表しているので，カラーシートをうまく使えば効果的な学習ができる，6)反応メカニズムでキーになる部分とポイント中のキーワードを黒にすることで，ヒントを見ながら演習問題に取り組むことができるなど，いろいろな工夫がなされている。

　大学で「有機化学」を学び始めた学生には"なぜこのような反応が起こるのか？"と疑問に思ったときにこの本の基礎編を利用し，高校の化学で身についている暗記から脱却してもらいたい。また「有機反応機構」を学んだ学生には，基礎編と応用編の両方の問題を解きながら理解を深めて欲しい。さらに，大学院進学を考えている学生は，ぜひ全問解いてみてほしい。必ず実力がつくはずである。いろいろな本を参考に構成を考えているのでそれだけの内容が網羅されていると自負している。

　なぜこのような有機反応メカニズムの演習を勉強しなければいけないのだろうかと疑問に思っている学生は多いと思う。これから自分でいろいろな化合物を合成することを思い浮かべてみてほしい。フラスコを眺めてみてもその中にある反応試薬や反応の途中経過や最終生成物を目で見ることはできない。しかし反応のメカニズムが理解できれば，どのようなガラス器具を使ってどのような装置を組めばよいか，反応を処理する前に生成物がどのような状態でフラスコの中に存在しているか，どのような副生成物の可能性があるかなどを予想することが可能になる。これにより，反応後の処理を確実に行うことができるとともに，目的の化合物を確実に取り出すことが

できる。

　要するに反応のメカニズムを学べば学ぶほど，確実に新しい化合物の合成が得意な人へとステップアップすることができるのである。2,500万種類以上の化合物など恐れる必要はない。ぜひ挫折することなくコツコツと問題を解いて，理解して，納得して自信をつけてほしいと思う。

　最後に本書をまとめるに当たり多くの定評ある著書を参考にさせていただきました。それらの著者各位に感謝いたします。また本テキストの編集・出版に際して終始懇切丁寧にアドバイスとサポートをしていただいた三共出版株式会社の秀島功，飯野久子両氏に心からお礼申し上げます。

平成25年10月

著　者

目　次

演習をはじめるにあたって

基 礎 編

1 求核置換反応 2
　演習問題　1 〜 27

2 求電子置換反応 14
　演習問題　28 〜 40

3 求電子付加反応 23
　演習問題　41 〜 49

4 求核付加反応 30
　演習問題　50 〜 73

5 転位反応 45
　演習問題　74 〜 86

6 脱離反応 55
　演習問題　87 〜 94

7 ラジカル反応 62
　演習問題　95 〜 101

8 ペリ環状反応 68
　演習問題　102 〜 107

9 酸化と還元 73
　演習問題　108 〜 115

応 用 編

　演習問題　116 〜 200 82

参考文献 126
索　引 127

演習をはじめるにあたって

　このテキストでは 200 問の演習を用意した。長年にわたって著者が愛用している英文テキストやこれまでに出版された定評ある有機合成や有機反応機構に関する教科書を参考にしながら演習問題を厳選した。このテキストは大学の化学の授業で学んだ内容を有機反応メカニズムの観点から理解するために用意されたものである。内容は、「基礎編」と「応用編」から構成されている。「基礎編」は反応様式ごとに演習を分類した。具体的には

　1. 求核置換反応(nucleophilic substitution reaction)，2. 求電子置換反応(electrophilic substitution reaction)，3. 求電子付加反応(electrophilic addition)，4. 求核付加反応(nucleophilic addition)，5. 転位反応(rearrangement)，6. 脱離反応(elimination reaction)，7. ラジカル反応(radical reaction)，8. ペリ環状反応(pericyclic reaction)，9. 酸化と還元(oxidation and reduction)である。

　「基礎編」の各章のはじめには，反応メカニズムの概要を配置した。また，「応用編」は，大学院の入試問題を意識し"反応様式別"に演習を用意するのではなく，"ランダム"に問題を配した。和名と英文名の索引を充実させたので，調べたいと思う項目をまず索引から探し出し，掲載ページを見つけ，とにかく 1 つでも多くの演習問題を解いてほしい。解けば解くほど反応メカニズムを正確に書くことができるようになるし，電子の動きも的確に理解できるようになる。何事も最初はなかなか大変であるが，諦めることなく根気強く演習を重ねていけば，ある時期を境に，目の前がさっと開けてくる様子が実感できるはずである。（著者のこれまでの経験から，間違いなし！）

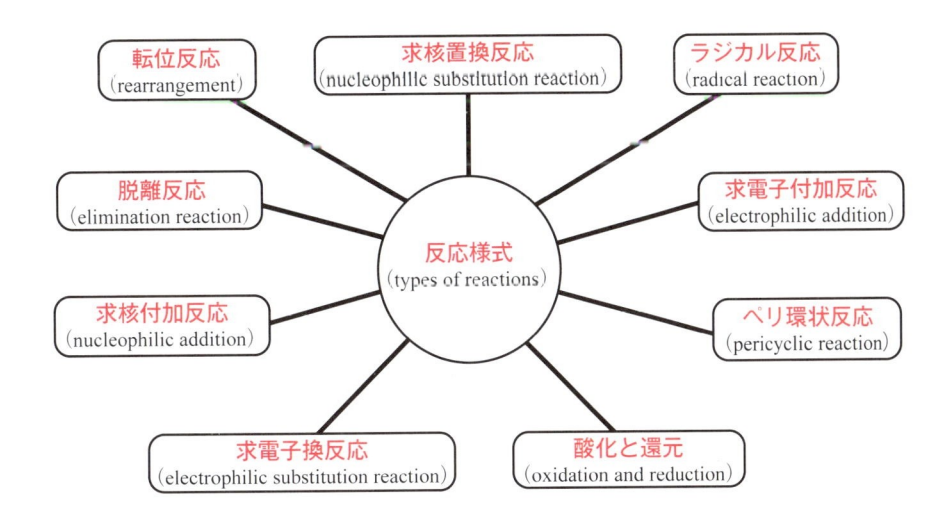

viii　演習をはじめるにあたって

　本テキスト内の演習問題の凡例を以下に示した。工夫した点は，以下の通りである。それぞれの演習は，3つのパーツから構成されている。第1のパーツでは，出発物質，反応試薬，反応条件，および生成物を明記した。第2のパーツでは，有機電子論に基づいて反応メカニズムを詳細に記述した。第3のパーツでは，記載されている反応のキーポイントを化学用語を使いながら簡潔に解説した。出発物質の構造，反応試薬，反応条件は黒で，生成物の構造は赤で示した。

　また，反応メカニズムの大半は黒で示しているが，一部は赤で示した。これにより，カラーシートをうまく使えば，透けてみえる一部の反応式や解説をヒントに問題を解くこともできる。"ポイント"の部分も，大半は黒で示しているが，一部は赤で示した。カラーシートをうまく使って勉強に役立ててほしい。

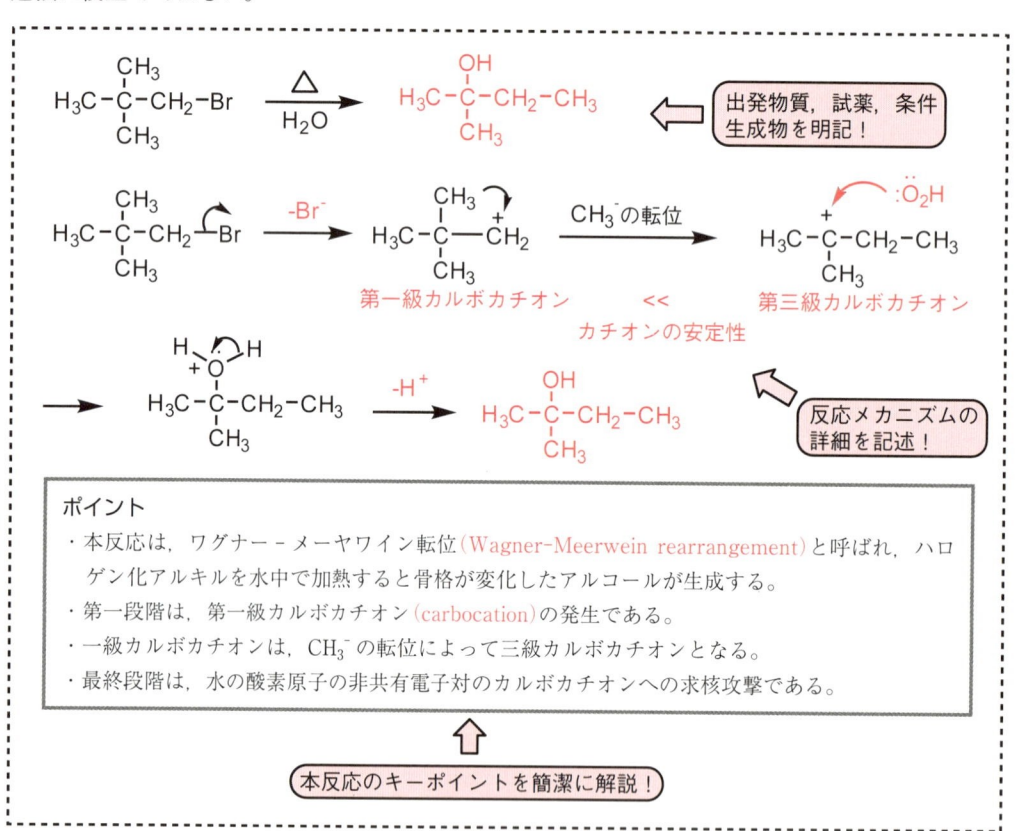

ポイント
- 本反応は，ワグナー‐メーヤワイン転位(Wagner-Meerwein rearrangement)と呼ばれ，ハロゲン化アルキルを水中で加熱すると骨格が変化したアルコールが生成する。
- 第一段階は，第一級カルボカチオン(carbocation)の発生である。
- 一級カルボカチオンは，CH_3^-の転位によって三級カルボカチオンとなる。
- 最終段階は，水の酸素原子の非共有電子対のカルボカチオンへの求核攻撃である。

凡　例

演習をはじめるにあたって　ix

本演習で使用する記号，略号，反応式説明の凡例を以下に示す。

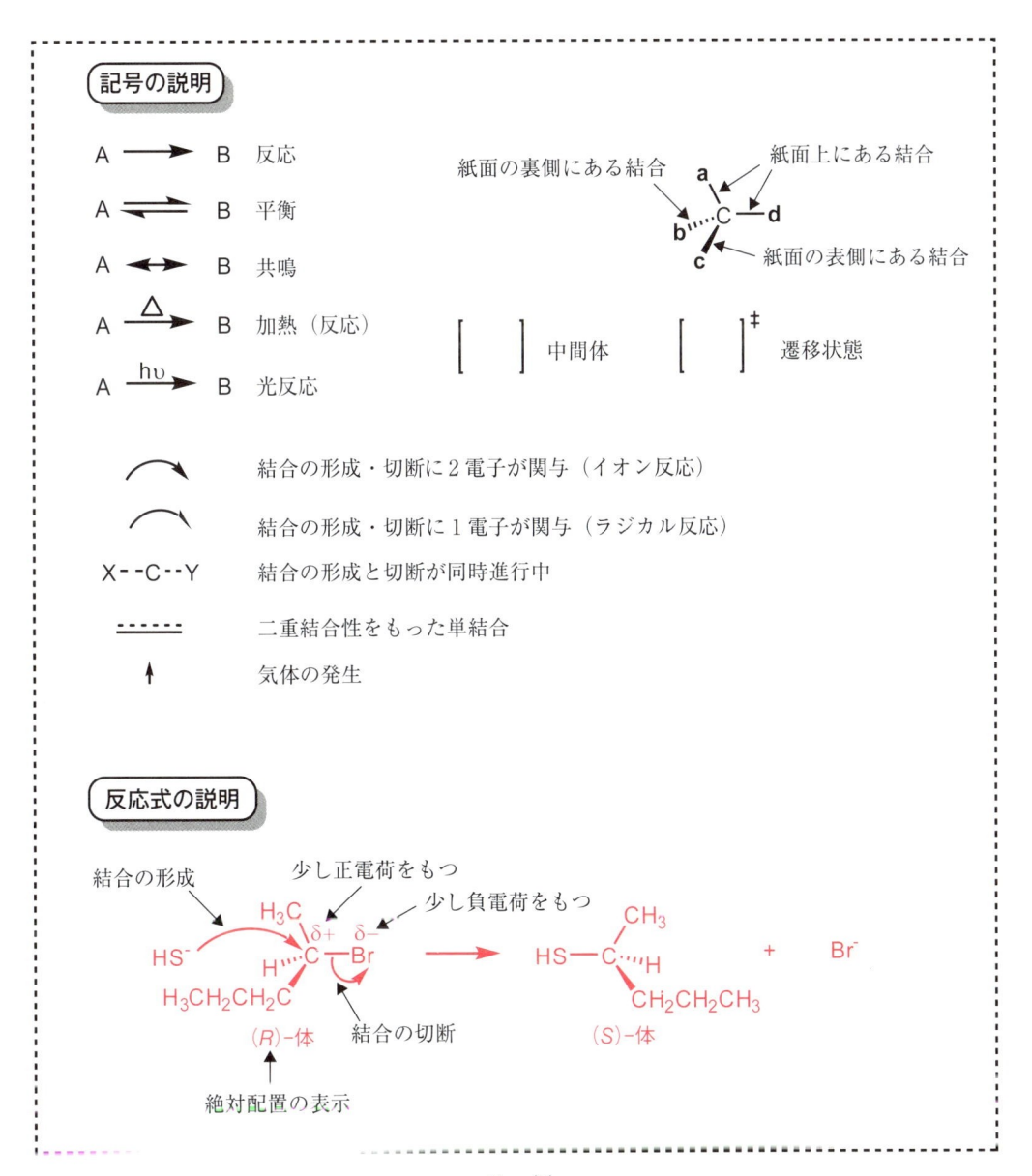

記号の説明

A ⟶ B	反応	
A ⇌ B	平衡	
A ↔ B	共鳴	
A $\xrightarrow{\Delta}$ B	加熱（反応）	
A $\xrightarrow{h\nu}$ B	光反応	

紙面の裏側にある結合 → b""C—d ← 紙面上にある結合 a
紙面の表側にある結合 → c

[ ] 中間体　　[ ]‡ 遷移状態

↷（二電子曲がり矢印）　結合の形成・切断に2電子が関与（イオン反応）

↷（一電子曲がり矢印）　結合の形成・切断に1電子が関与（ラジカル反応）

X--C--Y　結合の形成と切断が同時進行中

====　二重結合性をもった単結合

↑　気体の発生

反応式の説明

結合の形成　少し正電荷をもつ　少し負電荷をもつ

$$HS^- + \underset{(R)\text{-体}}{\overset{H_3C}{\underset{H_3CH_2C}{\vphantom{|}}}\overset{\delta+}{C}\overset{\delta-}{-}Br} \longrightarrow \underset{(S)\text{-体}}{HS-\overset{CH_3}{\underset{CH_2CH_3}{C}}-H} + Br^-$$

結合の切断

絶対配置の表示

凡　例

基礎編

1 求核置換反応

2 求電子置換反応

3 求電子付加反応

4 求核付加反応

5 転位反応

6 脱離反応

7 ラジカル反応

8 ペリ環状反応

9 酸化と還元

1 求核置換反応

　求核置換反応(nucleophilic substitution)とは，非共有電子対または負電荷をもつ求核試薬(nucleophile：Nu: または Nu:⁻)が核(＋を帯びた部分)を求めて攻撃し，新しい結合が形成されると同時に，置換基(L)と炭素間の結合が切断される。結果的に"L を Nu で置き換えた"ことになる。置換される(L)は脱離基(leaving group)と呼ばれる。式(1-1)

(1-1)

　炭素よりも電気陰性度の大きい脱離基(L)と炭素からなる C-L 結合は C が部分的にプラス($\delta+$)に L が部分的にマイナス($\delta-$)に分極している。この $\delta+$ を帯びた炭素を非共有電子対(unshared electron pair)(Nu:)または負電荷(Nu:⁻)をもつ試薬が攻撃するので求核(＋の部分を求める)反応と呼ばれる。求核置換反応は，メカニズムの観点から S_N1 と S_N2 に分類される。

　S_N2 反応の代表的な例として，臭化アルキルと水酸化物イオンの反応を取り上げた。臭化アルキルとしては，最も単純な臭化メチル($R_1=R_2=R_3=H$)を用いた場合に最もこの反応は起こりやすい。式(1-2)

(1-2)

S_N2 反応の"S"は置換反応を表す Substitution の"S"，"N"は求核的を意味する Nucleophlic の"N"で 2 分子(bimolecular)が関与する反応である。この反応の特徴は，1)反応速度が臭化メチルと水酸化物イオンの濃度の積に比例すること，2)C-Br 結合が完全に切断する前に攻撃してきた HO⁻ が炭素と部分的に結合を形成した 5 配位の遷移状態(transition state)をとること，3)安定な中間体は存在しないこと，4)HO⁻ は C-Br 結合に沿って 180°反対側から背面攻撃(back-side attack)すること，5)反応は協奏反応(concerted reaction)と呼ばれ結合の切断と形成が同時に起こること，6)ワルデン反転(Walden inversion)と呼ばれる立体配置の反転が起こることなどがあげられる。6)に関してもう少し詳しく述べると，各置換基の順位を高順位から Br，OH>R_1>R_2>R_3 と規定すると，臭化アルキルは(S)-体(一番順位が低い R_3 が中心炭素に重なる方向から分子を眺めると Br → R_1 → R_2 が反時計回りなので S)であるが生成物は(R)-体(一番順位が低い R_3 が中心炭素に重なる方向から分子を眺めると HO → R_1 → R_2 が時計回りなので R)となり立体が反転していることがわかる。

S_N1 反応の代表例として，臭化アルキルと H_2O の反応を取り上げた。臭化アルキルとしては，三級ハロゲン化アルキルである 2-ブロモ-2-メチルプロパン(R_1=R_2=R_3=CH_3)を用いた場合に最もこの反応は起こりやすい。式(1-3)

$$(1\text{-}3)$$

S_N1 反応とは，Substitution, Nucleophilic で，1 分子(unimolecular)の反応であることを意味している。この反応の特徴は，1)反応速度が 2-ブロモ-2-メチルプロパンの濃度のみに比例すること，2)C-Br 結合の切断が最初に起こること，3)中間体(intermediate)として比較的安定なカルボカチオン(carbocation)が生成すること，4)この反応の律速段階(rate-determining step)は C-Br 結合の切断であること，5)カルボカチオンは平面構造をとることから H_2O 分子は平面の両サイドから攻撃することから，(R)-体と(S)-体の 1：1 混合物であるラセミ体が生成することなどがあげられる。

S_N1 と S_N2 反応は求核試薬の種類やハロゲン化アルキルの構造の影響を受けやすい。詳細に関しては，末尾に掲載した専門書を参考にして欲しい。

式(1-4)にはいろいろな求核試薬を用いた置換反応の例を示した。この求核置換反応を使用することで，多種多用な官能基をもった化合物を合成できることがわかる。求核試薬としては，非共有電子対をもつ化合物や各種アニオンが使用されている。一般的に脱離基としては，Cl や Br や I のようなハロゲン，p-トルエンスルホニル基(p-$CH_3C_6H_4SO_2$- : p-toluenesulfonyl group)などが用いられる。

4　基礎編

$$HO^- + R_2-\underset{R_3}{\overset{R_1}{C}}-L \longrightarrow R_2-\underset{R_3}{\overset{R_1}{C}}-OH \text{（アルコール）} + L^-$$

$$HS^- + R_2-\underset{R_3}{\overset{R_1}{C}}-L \longrightarrow R_2-\underset{R_3}{\overset{R_1}{C}}-SH \text{（チオール）} + L^-$$

$$RO^- + R_2-\underset{R_3}{\overset{R_1}{C}}-L \longrightarrow R_2-\underset{R_3}{\overset{R_1}{C}}-OR \text{（エーテル）} + L^-$$

$$X^- + R_2-\underset{R_3}{\overset{R_1}{C}}-L \longrightarrow R_2-\underset{R_3}{\overset{R_1}{C}}-X \text{（ハロゲン化物）} + L^-$$
X: Cl, Br, I

$$H^- + R_2-\underset{R_3}{\overset{R_1}{C}}-L \longrightarrow R_2-\underset{R_3}{\overset{R_1}{C}}-H \text{（アルカン）} + L^-$$

$$R_5-\underset{R_6}{\overset{R_4}{C}}{}^- + R_2-\underset{R_3}{\overset{R_1}{C}}-L \longrightarrow R_2-\underset{R_3}{\overset{R_1}{C}}-\underset{R_6}{\overset{R_4}{C}}-R_5 \text{（アルカン）} + L^-$$

$$N\equiv C-S^- + R_2-\underset{R_3}{\overset{R_1}{C}}-L \longrightarrow R_2-\underset{R_3}{\overset{R_1}{C}}-SCN \text{（チオシアン酸）} + L^-$$

(1-4)

$$N\equiv C^- + R_2-\underset{R_3}{\overset{R_1}{C}}-L \longrightarrow R_2-\underset{R_3}{\overset{R_1}{C}}-CN \text{（ニトリル）} + L^-$$

$$^-N_3 + R_2-\underset{R_3}{\overset{R_1}{C}}-L \longrightarrow R_2-\underset{R_3}{\overset{R_1}{C}}-N_3 \text{（アジド）} + L^-$$

$$R-C\equiv C^- + R_2-\underset{R_3}{\overset{R_1}{C}}-L \longrightarrow R_2-\underset{R_3}{\overset{R_1}{C}}-C\equiv C-R \text{（アルキン）} + L^-$$

$$R-\underset{O^-}{\overset{O}{\underset{\|}{C}}} + R_2-\underset{R_3}{\overset{R_1}{C}}-L \longrightarrow R_2-\underset{R_3}{\overset{R_1}{C}}-O-\overset{O}{\underset{\|}{C}}-R \text{（エステル）} + L^-$$

フタルイミドアニオン + $R_2-\underset{R_3}{\overset{R_1}{C}}-L \longrightarrow R_2-\underset{R_3}{\overset{R_1}{C}}-N(\text{フタルイミド})$ + L^-

$$R-NH_2 + R_2-\underset{R_3}{\overset{R_1}{C}}-L \longrightarrow R_2-\underset{R_3}{\overset{R_1}{C}}-\overset{H}{\underset{H}{N^+}}-R \; L^- \text{（アンモニウム塩）}$$

演習問題

求核置換反応(nucleophilic substitution reaction)

1

ポイント
- 本反応は、S_N2 反応(HS^- が求核試薬)であり、Br が SH により置換された化合物が生成する。
- ワルデン反転(Walden inversion)が起こり、(R)-体から(S)-体が得られる。

2

ポイント
- 本反応は、典型的な S_N1 反応(三級ハロゲン化アルキルと低い求核性の CH_3OH の組合せ)であり、Br が CH_3O により置換されたエーテル類が生成する。
- 3つの置換基が同一平面にあるカルボカチオン(carbocation)中間体を経由するため、(R)-体と(S)-体の混合物が得られる。条件が整えば、(R):(S)=1:1のラセミ体が生成する。

3

ポイント
- 本反応は、S_N2 反応で、チオシアン酸イオン(^-SCN:thiocyanate ion)が求核試薬としてはたらく。
- チオシアン酸プロピル(propyl thiocyanate)が生成する。

6　基礎編

4 C₆H₅-MgBr + H₂C-CH₂(O) ⟶ C₆H₅-CH₂-CH₂-O⁻⁺MgBr →(H₃O⁺)

C₆H₅-CH₂-CH₂-OH

機構：Ph^δ−–C^δ+–MgBr が H₂C–CH₂(O^δ−) のエポキシドを攻撃 ⟶ Ph-CH₂-CH₂-O⁻⁺MgBr →(H₃O⁺)

C₆H₅-CH₂-CH₂-OH + Mg(OH)Br

ポイント
- 第一段階は，グリニャール試薬(Grignard reagent)の求核攻撃で，エポキシドが開環する。
- 生成する塩を酸処理すると，遊離のアルコールが生成する。

5 H-C≡C-H + CH₃MgBr ⟶ H-C≡C⁻ ⁺MgBr →(CH₃CH₂CH₂Br) H-C≡C-CH₂-CH₂-CH₃

H-C≡C–H + H₃C^δ−–MgBr^δ+ ⟶ H₃C-C≡C⁻ ⁺MgBr + CH₄↑
　　　　　　　　　　　　　　　　　　　　　アセチリド

H-C≡C⁻ ⁺MgBr + CH₃-CH₂-CH₂^δ+–Br^δ− ⟶ H-C≡C-CH₂-CH₂-CH₃ + MgBr₂

ポイント
- 第一段階では，グリニャール試薬と反応しメタンを発生しながらアセチリド(acetylide)が生成する。
- アセチリドは求核試薬としてはたらき，アセチレン化合物である1-ペンチン(1-pentyne)が生成する。

6 CH₃CH₂-C≡C-H →(NaNH₂) CH₃CH₂-C≡C⁻ ⁺Na →(CH₃CH₂CH₂Br)

CH₃CH₂-C≡C-CH₂CH₂CH₃

CH₃CH₂-C≡C–H + ⁻NH₂ ⟶ CH₃CH₂-C≡C⁻ ⁺Na + NH₃↑
　　　　　　　　　　　　　　　　　　アセチリド

CH₃CH₂-C≡C⁻ ⁺Na + CH₃-CH₂-CH₂^δ+–Br^δ− ⟶ CH₃CH₂-C≡C-CH₂CH₂CH₃ + NaBr

ポイント
- 第一段階は，強塩基であるナトリウムアミド(sodium amide)による水素引抜きで，アンモニアを発生しながらアセチリド(acetylide)が生成する。
- アセチリドは求核試薬としてはたらき，アセチレン化合物である3-ヘプチン(3-heptyne)が生成する。

求核置換反応 演習問題

7 PhCH₂-OH → (PBr₃) → PhCH₂-Br

機構: PhCH₂-ÖH + P(δ+)(Br)(Br)(Br δ−) → PhCH₂-O⁺(H)-PBr₂ + Br⁻ → PhCH₂-Br + HOPBr₂

ポイント
- 本反応は，アルコールを対応する臭化物に変換する際に用いる。
- PBr₃ は，第一級及び第二級アルコールの臭素化剤である。
- 臭素化の段階は，S$_N$2 機構で進行するため，キラルな化合物では立体が反転する。

8 PhCH₂-OH → ((CH₃)₂SO₄) → PhCH₂-O-CH₃

機構: PhCH₂-ÖH + H₃C-O(δ+)-S(=O)(=O)-O-CH₃ (ジメチル硫酸) → PhCH₂-O⁺(H)-CH₃ + ⁻O-S(=O)(=O)-O-CH₃ → PhCH₂-O-CH₃ + HO-S(=O)(=O)-O-CH₃

ポイント
- 本反応は，第一級アルコールとジメチル硫酸 (dimethyl sulfate) によるエーテルの生成である。
- 第一段階は，アルコールの非共有電子対のメチル炭素への求核攻撃である。
- ジメチル硫酸は，ヒドロキシル基のメチル化剤として汎用される。

9 H₃CH₂CH₂C-OH → i) Na, ii) CH₃I → H₃CH₂CH₂C-O-CH₃

H₃CH₂CH₂C-OH + Na → H₃CH₂CH₂C-O⁻ ⁺Na + 1/2 H₂↑

H₃CH₂CH₂C-O⁻ + CH₃-I → H₃CH₂CH₂C-O-CH₃ + I⁻

ポイント
- 本反応は，ウィリアムソンエーテル合成 (Williamson ether synthesis) と呼ばれ，代表的なエーテル合成法である。
- 生成したアルコキシドイオン (RO⁻ : alkoxide ion) は，ヨードメタンを求核的に攻撃する。

10

ポイント
- 第一段階は，ルイス塩基（ここでは，O の非共有電子対）のルイス酸である三臭化ホウ素（BBr$_3$：boron tribromide）への配位である．
- 第二段階は，臭化物イオンが炭素原子を求核的に攻撃し，環開裂反応が起こる．
- 本反応は，フェノール性水酸基の脱保護反応として利用される．

11

ポイント
- 本反応は，グリニャール試薬（Grignard reagent）とオキセタン（oxetane）の反応で，炭素数が 3 個増えたアルコールが生成する．
- 第一段階は，グリニャール試薬のオキセタン炭素への求核攻撃である．

12

ポイント
- 第一段階は，強塩基のブチルリチウム（butyl lithium）による水素引抜きで，アセチリド（acetylide）が生成する．
- 第二段階は，典型的な S$_N$2 反応による C-C 結合形成反応である．

13

エチレンクロロヒドリンからオキシラン(エポキシド)の生成反応。

ポイント
- 本反応は，エチレンクロロヒドリン(ethylene chlorohydrin)からのオキシラン(oxirane)，別名エポキシド(epoxide)の生成である。
- オキシランのO^-アニオンが分子内の炭素を求核的に攻撃する。

14

ポイント
- 第一段階は，強塩基の水素化ナトリウム(sodium hydride)による水素引抜きで，カルボアニオン(carbanion)が生成する。
- 第二段階は，O^-アニオンの分子内S_N2反応による環状エーテルの生成である。

15

ポイント
- 本反応は，カルボン酸とハロゲン化アルキルによるエステル合成である。
- 酢酸イオン($CH_3CO_2^-$：acetate ion)は，炭素を求核的に攻撃する。

16

ポイント
- 本反応は，ガブリエルアミン合成(Gabriel amine synthesis)と呼ばれ，一級アミンの代表的合成法である。
- 第一段階は，N^- アニオンとヨードアルカンの S_N2 反応である。
- 最終段階は，pK_a の関係（RNH_2 の pK_a は約 10，RCO_2H の pK_a は約 5 であり，RCO_2H の方がプロトンを放出しやすい）で，プロトンの移動が起こる。

17

ポイント
- 本反応は，エポキシドの開環による 2-アミノエタノール(2-aminoethanol)の生成である。
- 第一段階は，窒素の非共有電子対が炭素を求核的に攻撃し，エポキシドが開環する。

18

ポイント
- 本反応は，有機化合物中に重水素(D)を導入する反応である。
- 第一段階は，重水素化アルミニウムリチウム($LiAlD_4$: lithium aluminum deuteride)中の D が D^- として炭素を求核的に攻撃する。

求核置換反応　演習問題

19

（反応式・機構図）

シクロヘキシルフェニルスルフィド

p-トルエンスルホニル基

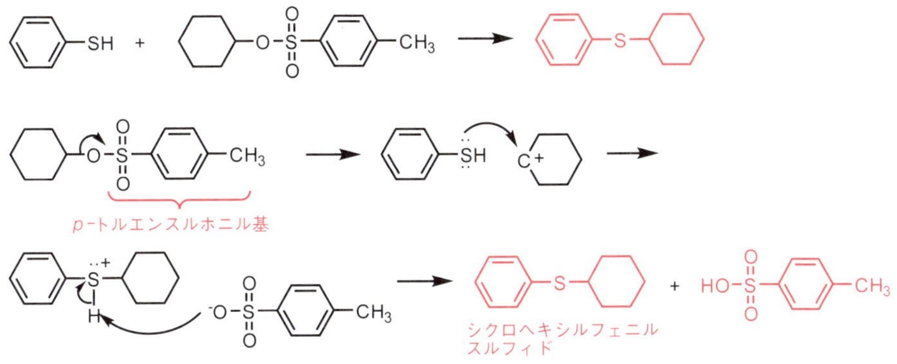

ポイント
- 本反応は，スルフィド（R-S-R：sulfide）の生成である。
- 第一段階は，よい脱離基である *p*-トルエンスルホニル基（*p*-toluenesulfonyl group）の脱離によるカルボカチオン（carbocation）の生成である。
- 第二段階は，SH の非共有電子対がカルボカチオンを求核的に攻撃する。

20

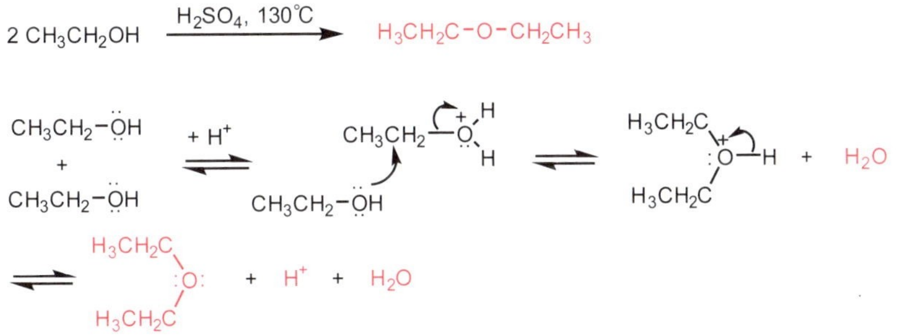

$$2\ CH_3CH_2OH \xrightarrow{H_2SO_4,\ 130℃} H_3CH_2C-O-CH_2CH_3$$

（機構図）

ポイント
- 本反応は，第一級アルコールと強酸である硫酸によるエーテル（ether）の生成である。
- 一部プロトン化されていない OH の非共有電子対が炭素を求核的に攻撃する。

21

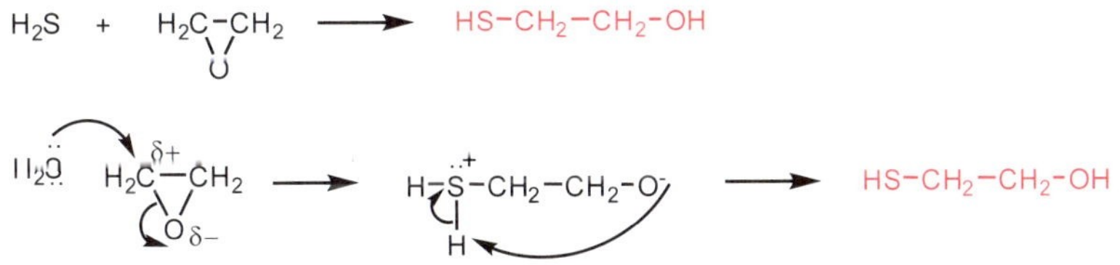

$$H_2S + H_2C-CH_2(O) \longrightarrow HS-CH_2-CH_2-OH$$

（機構図）

ポイント
- 本反応は，エポキシドの開環による 2-メルカプトエタノール（2-mercaptoethanol）の生成である。
- 第一段階は，イオウ原子の非共有電子対が炭素を求核的に攻撃し，エポキシドが開環する。

22

ポイント
- 電子求引性の C=O にはさまれた -CH$_2$- は，活性メチレン(active methylene)と呼ばれ，塩基の作用により容易にプロトンを放出し，カルボアニオン(carbanion)を生成する。
- カルボアニオンと臭化物による C-アルキル化(C-alkylation)反応は，S$_N$2 機構で進行する。

23

ポイント
- 本反応は，アルブゾフ反応(Arbuzov reaction)と呼ばれ，3 価の亜リン酸トリエステルとハロゲン化アルキルから 5 価のアルキルホスホン酸エステルが生成する。
- いずれの段階も，S$_N$2 機構で進行する。

24

ポイント
- 本反応は，フェニルアセチレンのアシル化反応(acylation)である。
- 第一段階は，金属ナトリウムを用いた金属アセチリド(acetylide)の生成である。
- 第二段階は，カルボアニオン(carbanion)が求核的に酸塩化物の炭素を攻撃し，塩化物イオンが脱離する。

25

エナミン / イミニウムイオン

ポイント
- 本反応は，エナミン(enamine＝ene＋amine で，二重結合とアミノ基をもつ化合物の総称)のアルキル化反応である。
- イミニウムイオン(iminium ion)の加水分解により，カルボニル化合物が生成する。

26

ポイント
- 本反応は，ウルツカップリング(Wurtz coupling)と呼ばれ，ハロゲン化アルキルやハロゲン化ベンジルを金属ナトリウム存在下で反応させると二量体(dimer)が生成する。
- 第二段階のカルボアニオンとハロゲン化アルキルの反応は，S_N2 機構で進行する。

27

アルコキシスルホニウムイリド

ポイント
- 本反応は，コーンブラム酸化(Kornblum oxidation)と呼ばれ，ジメチルスルホキシド($(CH_3)_2SO$: dimethyl sulfoxide)を酸化剤として用い，ハロゲン化アルキルをカルボニル化合物へ変換する。
- 第一段階は，ジメチルスルホキシドの O^- が炭素原子を求核的に攻撃する。
- 最終段階は，アルコキシスルホニウムイリド(alkoxysulfonium ylide)からのジメチルスルフィド($(CH_3)_2S$: dimethyl sulfide)の脱離である。

2 求電子置換反応

　求電子置換反応(electrophilic substitution)は，ベンゼンに代表される芳香族化合物に種々の官能基を導入する際に幅広く利用されている反応である。ベンゼンは6個のπ電子が環の上下を自由に動き回っている電子豊富な化合物である。したがって"電子を求める"求電子試薬 (electrophile：一般的にE^+と略す)の攻撃を受けやすい。ベンゼンと求電子試薬の反応を式(2-1)に示した。ベンゼンを求電子試薬が攻撃すると，アレニウムイオン中間体(arenium ion intermediate)が生成する。この中間体はカチオンを分子全体に非局在化することができることからかなり安定である。最後に中間体からプロトン(H^+)が脱離することによりもとの安定な6π電子系へ戻ることができる。この一連の反応により，ベンゼン環上のH原子が求電子試薬Eにより"置換"される。

共鳴安定化されたアレニウムオン中間体　　　　　　　　　　　　　　　(2-1)

　ベンゼン環上に様々な官能基を導入する方法が知られているが，ここではベンゼンの塩素化を例にあげ詳細に解説する。式(2-2)　塩素はアルケンとは容易に反応するがベンゼンとは反応しない。第一段階は，塩素の活性化である。塩素はルイス酸(Lewis acid)である塩化鉄(III)に配位して複合体を形成すると電荷の偏りが生じ，強い求電子試薬となる。第二段階はベンゼンとこの求電子試薬が反応しアレニウムイオン中間体が生成する。これまでの反応に関する詳細な実験から，この段階が律速段階(rate-determining step)であることがわかっている。第三段階はプロトンの脱離とそれに伴う芳香族性(aromaticity)の回復である。第二段階で生じた$^-FeCl_4$が塩基としてはたらき，Hを引抜きクロロベンゼン(chlorobenzene)と塩化水素が生成し，同時に$FeCl_3$が再生される。

第一段階（塩素の活性化）

第二段階（求電子攻撃；このステップが律速段階）

(2-2)

第三段階（プロトンの脱離と芳香族性の回復）

式(2-3)には，代表的な求電子置換反応の例をまとめた。一見してわかるように，この求電子置換反応を利用することにより，ベンゼン環上に多種多用な官能基を導入できる。各反応の詳細は，演習問題基礎編を参考にして欲しい。

(2-3)

上述したように，ベンゼン環は電子が豊富なため，求電子試薬（カチオン試薬）のみが攻撃可能である。しかしながら，ベンゼン環に電子求引基が置換すると，ベンゼン環内の電子密度が減少し求核試薬（アニオン試薬）の攻撃を受ける例が知られている。

アニリン (aniline) に酸性条件下亜硝酸ナトリウム (NaNO₂ : sodium nitrite) を反応させると、ベンゼンジアゾニウム塩 (benzene diazonium salt) が生成する。この塩を加熱すると、窒素を発生しながらフェニルカチオン (phenyl cation) が生成する。このカチオンに求核試薬が攻撃し、置換ベンゼンが生成する。式 (2-4) この一連の反応では、窒素が脱離する段階が律速段階 (rate-determining step) である。

$$\text{(2-4)}$$

ジアゾニウム塩とハロゲン化銅 (I) の反応はザンドマイヤー反応 (Sandmeyer reaction) と呼ばれ、芳香族ハロゲン化合物の合成に広く利用されている。ベンゼンジアゾニウム塩をヨウ化カリウムと反応させるとヨードベンゼン (iodobenzene) が生成する。また、この塩をフルオロホウ酸 (HBF_4) と反応させるとフルオロベンゼン (fluorobenzene) が生成する。このフッ素導入反応は、シーマン反応 (Schiemann reaction) と呼ばれる。さらに、ジアゾニウム塩は次亜リン酸 (H_3PO_2) により容易に還元され、水素に置換される。式 (2-5)

$$\text{(2-5)}$$

ベンゼンの求核置換反応の代表例を1つ紹介しておく。2,4,6-トリニトロアニソール(2,4,6-trinitroanisole)にカリウムエトキシド($C_2H_5O^-K^+$: potassium ethoxide)を反応させると中間体が生成する。この中間体は実際にMeisenheimerによって単離されたことから，マイゼンハイマー錯体(Meisenheimer complex)と呼ばれる。この錯体が単離できるほど安定な理由は，生成したアニオンを3個のニトロ基を介して分子全体に非局在化できることと，アルコキシドイオンがハロゲン化物イオンほど脱離性がよくないためである。式(2-6)　最後に，マイゼンハイマー錯体からメトキシドイオン(methoxide ion)が脱離し，1-エトキシ-2,4,6-トリニトロベンゼン(1-ethoxy-2,4,6-trinitrobenzene)が生成する。

(2-6)

演習問題

求電子置換反応 (electrophilic substitution reaction)

28

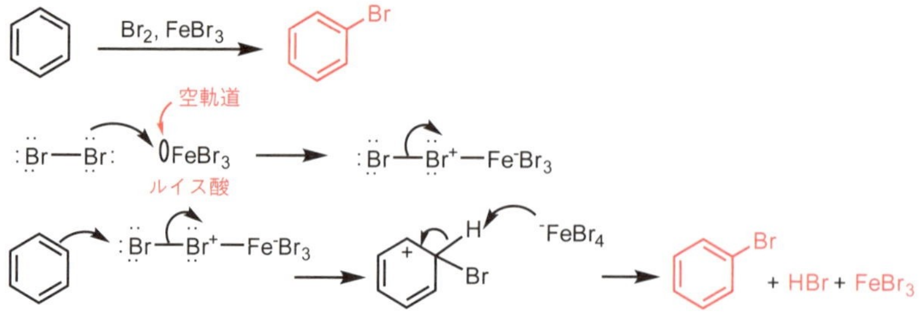

ベンゼン + Br₂, FeBr₃ → ブロモベンゼン

反応機構:
- :Br—Br: + ◯FeBr₃ (空軌道, ルイス酸) → :Br—Br⁺—Fe⁻Br₃
- ベンゼン + :Br—Br⁺—Fe⁻Br₃ → シクロヘキサジエニルカチオン中間体(+Br, H) + ⁻FeBr₄ → ブロモベンゼン + HBr + FeBr₃

ポイント
- 本反応は，ベンゼンのハロゲン化で，臭素化の例である。
- 臭素はルイス酸である臭化鉄(III)により求電子試薬 (electrophile) へと活性化される。
- FeBr₃ は，触媒 (catalyst) としてはたらく。

29

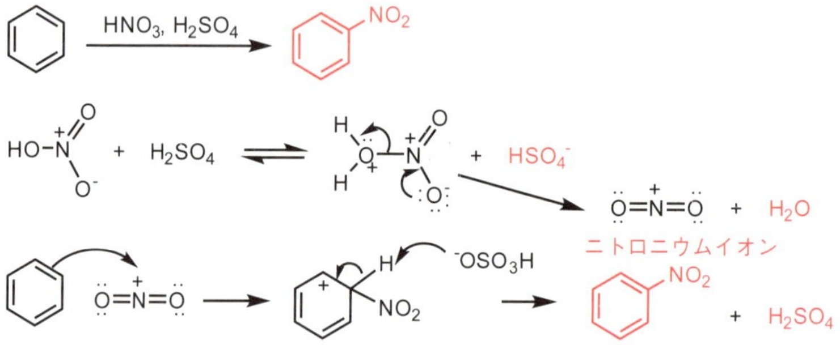

ベンゼン + HNO₃, H₂SO₄ → ニトロベンゼン

反応機構:
- HO—NO₂ + H₂SO₄ ⇌ H₂O⁺—NO₂ + HSO₄⁻ → O=N⁺=O + H₂O （ニトロニウムイオン）
- ベンゼン + O=N⁺=O → シクロヘキサジエニルカチオン中間体(+NO₂, H) + ⁻OSO₃H → ニトロベンゼン + H₂SO₄

ポイント
- 本反応は，ベンゼンのニトロ化反応 (nitration) である。
- 反応種は，ニトロニウムイオン (nitronium ion) である。
- ベンゼンのニトロ化では，混酸(濃硝酸と濃硫酸の混合物)を用いる。

求電子置換反応 演習問題

30 ベンゼン + RCOCl, AlCl₃ → フェニルケトン (R=CH₃- or C₆H₅-)

[反応機構：アシル化の段階的機構図]

アシルカチオン：R-C≡O⁺ ↔ R-C⁺=O + ⁻AlCl₄

ベンゼン + R-C⁺=O → アレニウムイオン中間体 → アシル化生成物 + HCl + AlCl₃

ポイント
- 本反応は，フリーデル–クラフツアシル化反応(Friedel-Crafts acylation)と呼ばれる。
- 反応種は，アシルカチオン(acylcation)で，共鳴安定化した構造をもつ。

31 ベンゼン + CH₃CH₂Cl, AlCl₃ → エチルベンゼン

H₃CH₂C-Cl + AlCl₃ ⇌ H₃CH₂C$^{\delta+}$-Cl-$\bar{}$AlCl₃ ⇌ CH₃CH₂⁺ + AlCl₄⁻（極限構造）

ベンゼン + H₃CH₂C$^{\delta+}$-Cl-AlCl₃ → アレニウムイオン中間体 → エチルベンゼン + HCl + AlCl₃

ポイント
- 本反応は，フリーデル–クラフツアルキル化反応(Friedel-Crafts alkylation)と呼ばれる。
- 反応種は，カルボカチオン(極限構造のCH₃CH₂⁺)で，これがベンゼン環を求電子的に攻撃する。

32 ベンゼン + H₂C=CH₂ →(AlCl₃, HCl) エチルベンゼン

H₂C=CH₂ + HCl + AlCl₃ ⇌ ⁺CH₂CH₃ + AlCl₄⁻

ベンゼン + ⁺CH₂CH₃ → アレニウムイオン中間体 →(−H⁺) エチルベンゼン

ポイント
- 本反応は，フリーデル–クラフツアルキル化(Friedel-Crafts alkylation)と類似の反応である。
- 反応種は，エチルカチオン(⁺CH₂CH₃)で，これがベンゼン環を求電子的に攻撃する。

33

ポイント
・本反応は，ベンゼンのスルホン化反応(sulfonation)と呼ばれる。
・反応種は，三酸化イオウである。

34

ポイント
・本反応は，フリーデル–クラフツアシル化(Friedel-Crafts acylation)と類似の反応である。
・アシル化が分子内で起こるため，新しい環が形成される。

35

ポイント
・本反応は，フリーデル–クラフツアルキル化(Friedel-Crafts alkylation)と類似の反応である。
・アルキル化が分子内で起こるため，新しい環が形成される。

求電子置換反応　演習問題

36

[反応スキーム: フェノキシドナトリウム + CO_2 → (4-7 atm, at 125 ℃) → サリチル酸ナトリウム → (H_3O^+) → サリチル酸]

[機構図および遷移状態の図]

ポイント
- 本反応は，コルベ反応(Kolbe reaction)と呼ばれ，フェノールからサリチル酸(salicylic acid)が生成する。
- 弱い求電子試薬(electrophile)である二酸化炭素を用いるため，高温高圧を要する。
- o-位での反応が優先するのは，遷移状態が安定化するためだと考えられている。

37

[反応スキーム: ベンゼンジアゾニウムクロリド + フェノキシドナトリウム → アゾ化合物 + NaCl]

[機構図]

ポイント
- 本反応は，ジアゾカップリング反応(diazo-coupling reaction)と呼ばれる。
- アゾ基(-N=N-：azo group)を持つ化合物は，一般にアゾ化合物(azo compound)と呼ばれる。
- 第二段階では，プロトンの脱離が起こり，芳香族性を回復する。

38

[反応スキーム: トルエン → (CO, HCl, $AlCl_3$) → p-トルアルデヒド]

CO + HCl ⇌ [塩化ホルミル HCOCl] + $AlCl_3$ → [ホルミルカチオン $H-C^+=O ↔ H-C≡O^+$]

[機構図]

ポイント
- 本反応は，ガッターマン-コッホホルミル化(Gattermann-Koch formylation)と呼ばれ，CO/HCl/Lewis酸触媒からなる反応系を利用し芳香族化合物にホルミル基(CHO：formyl group)を導入する。
- 反応種は，ホルミルカチオン(formyl cation)である。

39

ポイント
・ベンゼン環に強力な電子求引基が置換すると，芳香族求核置換反応(aromatic nucleophilic substitution)が起こる。反応は，付加－脱離の2段階機構で進行する。
・マイゼンハイマー錯体(Meisenheimer complex)と呼ばれるカルボカチオン中間体を経由する。

40

ベンゼンジアゾニウムテトラフルオロボラート
フェニルカチオン

ポイント
・本反応は，バルツ－シーマン反応(Balz-Schiemann reaction)と呼ばれ，ベンゼンジアゾニウムテトラフルオロボラート(benzene diazonium tetrafluoroborate)の熱分解によりフルオロベンゼンが生成する。
・脱窒素によるフェニルカチオン(phenyl cation)中間体が示唆されている。

3 求電子付加反応

　C=C 二重結合の特徴は，σ-結合に加え，π-結合を形成している 2 個の電子が分子全体に広がっていることである。また，2 個の電子は炭素核との結び付きも弱いため分極しやすい。このように電子豊富な C=C 二重結合では，求電子付加反応(electrophilic addition)が起こりやすい。以下に，代表的な反応例を 2 つあげ解説する。

　1 つは，C=C 二重結合へのハロゲンの付加である。具体的には，シクロペンテン(cyclopentene)への臭素付加である。式(3-1)　二重結合に臭素が接近すると，臭素のまわりの電子と二重結合の π-電子との電子反発により，臭素分子の分極が起こる。これにより，一方の端が正に帯電し二重結合と π-錯体を形成し，Br-Br の結合が切断され環状のブロモニウムイオン(bromonium ion)が生成する。残った臭化物イオンは，裏面からでも表面からでも攻撃できるはずである。しかし実際は，表面からの攻撃による *cis*-1,2-ジブロモシクロペンタン(*cis*-1,2-dibromocyclopentane)は全く生成せず，臭化物イオンが 5 員環平面の裏側から攻撃した *trans*-1,2-ジブロモシクロペンタン(*trans*-1,2-dibromocyclopentane)のみが生成する。このように，C=C 二重結合への臭素の付加は，アンチ付加(*anti*-addition)，別名トランス付加(*trans*-addition)である。

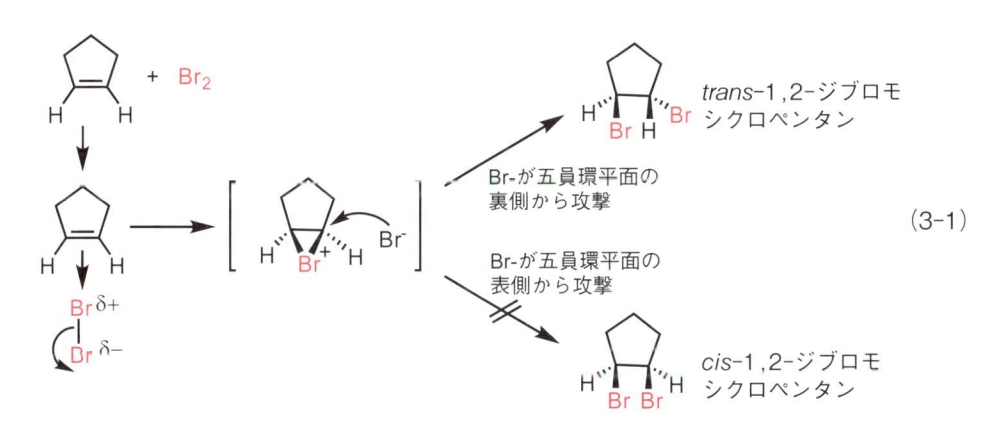

$$\tag{3-1}$$

　もう 1 つは，C=C 二重結合へのハロゲン化水素の付加である。具体的には，2-メチルプロペン(2-propene)への塩化水素の付加である。式(3-2)　2-メチルプロペン(2-methylpropene)に塩化水素を反応させると，1-クロロ-2-メチルプロパンは生成せず，2-クロロ-2-メチルプロパンのみが生成する得られる。二重結合へのプロトン付加が，1 位の炭素上で起こると三級カルボカチオン(carbocation)が，2 位の炭素上で起こると一級のカルボカチオンが生成する。カルボカチオンの安定性は三級のほうが一級よりはるかに安定である，この三級にカルボカチオンに塩化物イオンが反応し 2-クロロ-2-メチルプロパンが得られる。C=C 二重結合へのハロゲン化水素 HX 付加の配向に関する法則"H はアルキル基のより少ない炭素に，X はアルキル基のより多い炭素

に結合する"をマルコウニコフ則(Markovnikov rule)と呼ぶ。

付加の配向性が逆転する逆マルコウニコフ則(*anti*-Markovnikov rule)型の付加が進行する代表例がヒドロホウ素化(hydroboration)–酸化反応で，一級アルコールを選択的に合成する有用な方法である。**式(3-3)** 詳細な反応メカニズムは，**演習147**に記載されている。

その他の代表的なC=C二重結合への求電子付加反応を**式(3-4)**にまとめた。アルケンに a) 四酸化オスミウム(OsO_4 : osmium tetraoxide)や過マンガン酸カリウム($KMnO_4$: potassium permanganate)と反応させるとジオール(**演習45**)が，b) *m*-クロロ過安息香酸(*m*CPBA : *m*-chloroperbenzoic acid)と反応させるとエポキシド(epoxide)，別名オキシラン(oxirane)(**演習145**)が，c) 酢酸水銀(II)(mercury(II) acetate)と反応させた後水素化ホウ素ナトリウム($NaBH_4$: sodium borohydride)で処理するとアルコール(**演習146**)が生成する。これら反応の詳細な反応メカニズムは演習に記載されている。

式(3-4)

　C=C二重結合を切断して2つのカルボニル化合物に変換する反応としてオゾン分解(ozonolysis)が知られている。アルケンにオゾン(O_3：ozone)を作用させ，続いて亜鉛，ジメチルスルフィド(Me_2S：dimethyl sulfide)，亜硫酸水素ナトリウム($NaHSO_3$：sodium hydrogen sulfite)，トリフェニルホスフィン(Ph_3P：triphenylphosphine)などの還元的分解を行うと2種類のカルボニル化合物が生成する。この反応を利用すれば，多種多様なアルデヒドやケトンを合成することが可能である。**式(3-5)** 詳細な反応メカニズムは，**演習 148** に記載されている。

式(3-5)

演習問題

求電子付加反応(electrophilic addition)

41

2-ブロモ-2-メチルプロパン　　1-ブロモ-2-メチルプロパン（生成せず）

一級カルボカチオン　<<　三級カルボカチオン
　　　　　　　安定性

> **ポイント**
> ・本反応は，アルケンへのハロゲン化水素(HX)の付加反応である。
> ・中間体のカルボカチオン(carbocation)の安定性により，優先する生成物が決まる。ここでは，三級カルボカチオンの方が一級カルボカチオンよりはるかに安定である。
> ・アルケンへのHXの付加は，マルコウニコフ則(Markovnikov rule：Hはアルキル置換基の少ない炭素に，Xはアルキル置換基の多い炭素につく)に従う。

42

一級カルボカチオン　<<　三級カルボカチオン
　　　　　　　安定性

> **ポイント**
> ・本反応は，アルケンの水和(hydration)反応である。
> ・中間体のカルボカチオン(carbocation)の安定性により，優先する生成物が決まる。ここでは，三級カルボカチオンの方が一級カルボカチオンよりはるかに安定である。
> ・水分子の非共有電子対がカルボカチオンを求核的に攻撃する。

43

ポイント
- 本反応は，アルケンへの臭素の付加であり，ジブロモ化合物が生成する。
- 第一段階はブロモニウムイオン(bromonium ion)の生成である。
- 臭化物イオン(Br⁻)は嵩高いブロモニウムイオンとの立体反発を避けるために，反対側から求核攻撃し，トランス(*trans*)体を与える。

44

ポイント
- 第一段階は，ブロモニウムイオン(bromonium ion)の生成である。
- 第二段階は，多量に存在する水分子の非共有電子対の求核攻撃による1,2-ブロモヒドリン(bromohydrin)の生成である。
- ブロモヒドリンは，分子内閉環反応を起こし，オキシラン(oxirane)を生成する。

45

ポイント
- 本反応は，過マンガン酸カリウム(potassium permanganate)によるアルケンの酸化である。
- 反応はシン付加(*syn*-addition)で進行し，シスジオール(*cis*-diol)を生成する。
- 過マンガン酸カリウムは酸化剤として基質を酸化する。自らは7価から5価へと還元される。

46 H₃C-CO-CH₃ →[Br₂, CH₃CO₂H] H₃C-CO-CH₂Br

(機構:ケト型 ⇌ エノール型 → 臭素との反応 → α-ブロモアセトン)

ポイント
- 本反応は，酸触媒によるケトンの α-ハロゲン化反応（α-halogenation）である。
- 第一段階は，酸触媒によるエノール化である。
- 第二段階は，エノールの二重結合と臭素の反応である。
- 最終段階は，脱プロトン化による α-ブロモアセトン（α-bromoacetone）の生成である。

47 H₃C-C≡C-H + H₂O →[HgSO₄, H₂SO₄] H₃C-CO-CH₃

(機構: エノール型 ⇌ ケト型)

[カルボカチオン A vs. B、カルボカチオンの安定性 A ≫ B]

ポイント
- 本反応は，硫化水銀（HgSO₄：mercury(II) sulfate）と硫酸を触媒としたアルキンの水和（hydration）である。
- 水分子は，アルキンにマルコウニコフ則（markovnikov rule）に従って付加する。
- 三重結合へプロトン H⁺ が付加する場合，二種類のカルボカチオン A, B の生成が考えられる。カルボカチオン A は，超共役（hyperconjugation）により B より安定である。
- 最終段階は，ケト-エノール互変異性（keto-enol tautomerism）で，一般的に平衡はケト型に片寄っている。

48 H₃C-C≡C-CH₂CH₃ + H₂O $\xrightarrow{\text{HgSO}_4, \text{H}_2\text{SO}_4}$ H₃CH₂C-CO-CH₂CH₃ + H₃C-CO-CH₂CH₂CH₃

H₃C-C≡C-CH₂CH₃ →(H₂O) { エノール型 ⇌ ケト型 }
- 3-ヘキサノン
- 2-ヘキサノン

ポイント
- 本反応は，硫化水銀（$HgSO_4$：mercury(II) sulfate）と硫酸を触媒としたアルキンへの水和（hydration）である。
- 演習 47 は，末端アルキン（三重結合が分子の末端にある一置換アルキン）であるのに対し，本演習は，二置換アルキンであることに注意すること。
- 中間体のカルボカチオンの安定性が同程度なので，2 種類の生成物が得られる。
- 最終段階は，ケト－エノール互変異性（keto-enol tautomerism）で，一般的に平衡はケト型に片寄っている。

49 PhCH=CH-CH₃ + HBr → PhCHBr-CH₂-CH₃

中間体 A（PhCH⁺-CH₂-CH₃） >> B（PhCH₂-CH⁺-CH₃）
カルボカチオンの安定性

ポイント
- 本反応は，アルケンへのハロゲン化水素の付加である。
- 二重結合への H⁺ の付加により，2 種類のカルボカチオン A, B の生成が考えられる。カルボカチオン（carbocation）中間体 A では，ベンゼン環との共鳴によるカチオンの非局在化が起こるためかなり安定であり，生成しやすい。
- アルケンへのハロゲン化水素の付加は，マルコウニコフ則（Markovnikov rule）に従う。

4　求核付加反応

　求核付加反応(nucleophilic addition)は，アルデヒドやケトンのカルボニル(C=O)で起こる代表的な反応である。C=O二重結合を形成する電子は，電気陰性度の関係から酸素原子の方へ求引され，結果的にカルボニル炭素はδ+にカルボニル酸素はδ-に分極する。このδ+を求めて様々な反応が起こる。代表的な反応をいくつか紹介する。

　カルボニル化合物に金属水素化物(metal hydride)の1つである水素化アルミニウムリチウム($LiAlH_4$: lithium aluminum hydride)を反応させると対応するアルコールが生成する。$LiAlH_4$はLi^+とAlH_4^-に解離している。このAlH_4^-から生じるヒドリドイオン(H^- : hydride ion)がカルボニル炭素を求核的に攻撃する。最終的には酸加水分解によりアルコールが生成する。**式(4-1)** 水素化ホウ素ナトリウム($NaBH_4$: sodium borohydride)も$LiAlH_4$と類似の反応メカニズムで還元反応が進行する。

$$(4-1)$$

　$LiAlH_4$は非常に反応性が高く，1)カルボン酸 → アルコール，2)ニトリル → アミン，3)オキシム → アミン，4)アミド → アミン，5)ニトロ化合物 → アミン，6)エポキシド → アルコール，7)ジスルフィド → チオールなどに変換することができる。**式(4-2)**

1) R-C(=O)-OH + LiAlH₄ → R-CH₂-OH　アルコール
　　カルボン酸

2) R-C≡N + LiAlH₄ → R-CH₂-NH₂　アミン
　　ニトリル

3) R-C(=N-OH)-R + LiAlH₄ → R-CHR-NH₂　アミン
　　オキシム

4) R-C(=O)-NH₂ + LiAlH₄ → R-CH₂-NH₂　アミン　　　　　(4-2)
　　アミド

5) R-NO₂ + LiAlH₄ → R-CH₂-OH　アルコール
　　ニトロ化合物

6) エポキシド + LiAlH₄ → H-CH₂-CH₂-OH　アルコール

7) R-S-S-R + LiAlH₄ → R-S-H　チオール
　　ジスルフィド

グリニャール反応(Grignard reaction)に用いられるグリニャール試薬(Grignard reagent)は，一般式RMgX(Rは炭化水素基，Xはハロゲン)で表される。RとMgの電気陰性度からR$^{δ-}$-$^{δ+}$MgXのような分極構造をとる。形式的には，R$^-$がカルボニル炭素を求核的に攻撃しマグネシウムの複塩が生成する。最後にこの塩の酸加水分解を行うとアルコールが生成する。式(4-3)

$$R_1R_2C=O + R_3\text{-MgX} \xrightarrow{H_3O^+} R_2C(R_1)(R_3)\text{OH}$$

$$R_1R_2C=O + R_3\text{-MgX} \rightarrow R_2C(R_1)(R_3)\text{-O}^-\text{MgX} \xrightarrow{H_3O^+} R_2C(R_1)(R_3)\text{OH}$$

(4-3)

Grignard試薬は，カルボニル化合物だけでなく様々な官能基をもつ化合物とも反応することから，有機合成上最も有用な反応の1つである。式(4-4)　有機リチウム試薬(organolithium reagent)もR$^{δ-}$-$^{δ+}$Liのような分極構造をとりGrignard試薬と類似のメカニズムで反応が進行する。

$$
\begin{aligned}
&\text{R-MgX} + \text{O=C=O} \longrightarrow \text{R-C(=O)OMgX} \longrightarrow \text{R-C(=O)OH} \\
&\hspace{3cm} \text{二酸化炭素} \\
&\text{R-MgX} + \text{R}_1\text{-CN} \longrightarrow \text{R}_1\text{-C(=NMgX)R} \longrightarrow \text{R}_1\text{-C(=O)R} \\
&\hspace{3cm} \text{ニトリル} \\
&\text{R-MgX} + \text{R}_1\text{-C(=O)Cl} \longrightarrow \text{R}_1\text{-C(=O)R} \\
&\hspace{3cm} \text{酸塩化物} \\
&\text{R-MgX} + \text{R}_1\text{-C(=O)NR}_2 \longrightarrow \text{R}_1\text{-C(OMgX)(NR}_2\text{)R} \longrightarrow \text{R}_1\text{-C(=O)R} \hspace{2cm} (4\text{-}4)\\
&\hspace{3cm} \text{アミド} \\
&\text{R-MgX} + \text{エポキシド} \longrightarrow \text{R-CH}_2\text{-CH}_2\text{-OMgX} \longrightarrow \text{R-CH}_2\text{-CH}_2\text{-OH} \\
&\text{R-MgX} + \text{R}_1\text{-C}\equiv\text{CH} \longrightarrow \text{R-H} + \text{R}_1\text{-C}\equiv\text{CMgX} \\
&\hspace{3cm} \text{アセチレン} \\
&\text{R-MgX} + \text{R}_1\text{-X} \longrightarrow \text{R-R}_1 + \text{MgX}_2 \\
&\hspace{3cm} \text{ハロゲン化アルキル}
\end{aligned}
$$

その他の代表的な求核付加反応として，1)カルボニル化合物へのリンイリド(ylide)の求核付加を経てアルケンが生成するウィッティッヒ反応(Wittig reaction；**演習 149**)，2)ベンズアルデヒドを濃い水酸化ナトリウムを作用させると不均化反応(disproportionation reaction)を経て安息香酸とベンジルアルコールが生成するカニッツァロ反応(Cannizzaro reaction；**演習 64**)，3)2分子のベンズアルデヒドを触媒量のシアン化ナトリウム(NaCN：sodium cynide)で処理すると⁻CN の求核付加を経て α-ヒドロキシケトンが生成するベンゾイン縮合(Benzoin condensation；**演習 158**)などがある。式(4-5) これらの反応の詳細な反応メカニズムは演習に記載されている。

1)

$$R_1R_2CH-X \xrightarrow{PPh_3} \xrightarrow{BuLi} R_1R_2C=PPh_3 \longleftrightarrow R_1R_2C^--P^+Ph_3$$

リンイリド

$$R_1R_2C^--P^+Ph_3 + R_3R_4C=O \longrightarrow R_1R_2C=CR_3R_4 + O=PPh_3$$

2) $2\ C_6H_5CHO + NaOH \longrightarrow C_6H_5COONa + C_6H_5CH_2OH$ (4-5)

ベンジルアルコール

$\xrightarrow{H_3O^+}$ C_6H_5COOH

安息香酸

3) $2\ C_6H_5CHO + NaCN \longrightarrow$ ベンゾイン (PhCO-CH(OH)-Ph)

カルボニル基に関連したもう1つの特徴的な反応として,カルボアニオンの生成があげられる。カルボニル基の α-位の炭素に結合した水素は分子内に存在する他の水素に比べ強い酸性を示す。言い換えれば,塩基の作用によって容易にプロトンを放出しやすい。これは,生成したカルボアニオン(carbanion)がエノラートイオン(enolate ion)との共鳴によりアニオンを非局在化できるためである。式(4-6)

$$R-CO-CH_2-R \quad (\alpha\text{-位}) \quad \longrightarrow \quad R-CO-CH^--R \text{ (カルボアニオン)} \longleftrightarrow R-C(O^-)=CH-R \text{ (エノラートイオン)} \quad (4\text{-}6)$$

カルボアニオンがカルボニル炭素を求核的に攻撃し,C-C 結合を形成する反応が数多く知られている。その代表例がアルドール縮合(aldol condensation)である。2分子のアセトアルデヒドに水酸化ナトリウム水溶液を加えると3-ヒドロキシブタナール(3-hydroxybutanal)が生成する。一般にこのような化合物は,アルドール(aldol:aldehyde + ol)と呼ばれる。まず,塩基である ¯OH による水素引抜きにより少量のエノラートイオンが生成する。このエノラートイオンが残存するアルデヒドのカルボニル炭素を求核的に攻撃し,プロトン化するとアルドールが生成する。式(4-7)

$$2\ \underset{CH_3}{\overset{O}{\underset{|}{C}}}\ \xrightarrow{NaOH}\ CH_3-\underset{H}{\overset{OH}{\underset{|}{C}}}-\underset{H}{\overset{H}{\underset{|}{C}}}-\overset{O}{\underset{|}{C}}H$$

(4-7)

アルドール縮合のほかに，クライゼン縮合（Claisen condensation；**演習62**）やディークマン縮合（Dieckmann condensation；**演習63**）などが知られている。これらの反応の詳細な反応メカニズムは演習に記載されている。

すでに解説したように，C=C 二重結合に対しては求電子付加反応が一般的である。しかし，C=C 二重結合に電子求引性のカルボニル C=O が共役（2つの二重結合が単結合で結ばれる）すると，求核付加反応が可能になる。その代表例が α,β-不飽和アルデヒド，α,β-不飽和ケトン，α,β-不飽和エステルなどの α,β-不飽和カルボニル化合物とカルボアニオンの反応によるマイケル付加（Michael addition）である。C=C 二重結合に求核付加反応が起こる理由は，α,β-不飽和カルボニル化合物（α,β-unsaturated carbonyl compound）では**式(4-8)**のような共鳴の寄与が大きく，結果として C=C 二重結合の末端炭素が正に帯電するためである。マイケル付加反応の詳細な反応メカニズムは**演習68**に記載されている。

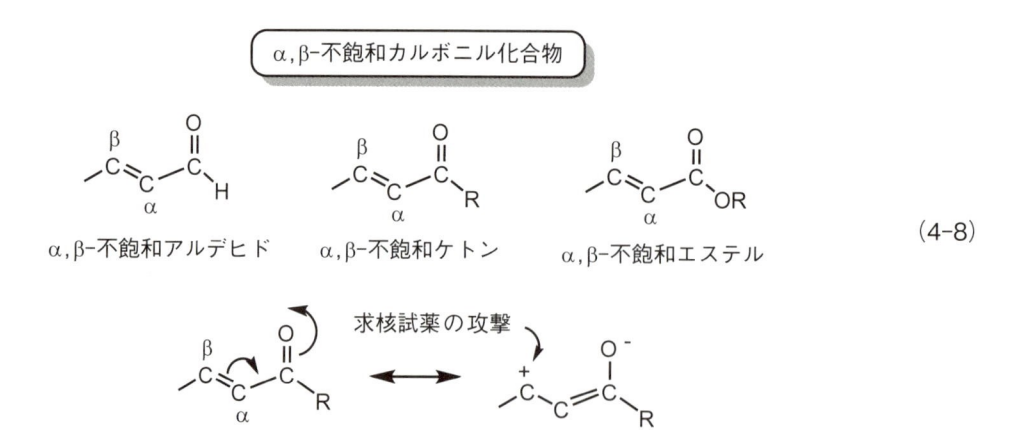

α,β-不飽和カルボニル化合物

α,β-不飽和アルデヒド　　α,β-不飽和ケトン　　α,β-不飽和エステル

(4-8)

求核試薬の攻撃

演習問題

求核付加反応（nucleophilic addition）

50

ポイント
- 水素化ホウ素ナトリウム（NaBH$_4$：sodium borohydride）は，代表的な還元剤である。
- ヒドリドイオン（H$^-$：hydride ion）が炭素を求核的に攻撃する。
- 1モルのNaBH$_4$から4モルのアルコールが生じる。

51

ポイント
- 第一段階は，ヒドラジン（hydrazine）の窒素の非共有電子対がカルボニル炭素を求核的に攻撃する。
- 第二段階は，脱水反応によるヒドラゾン（hydrazone）の生成である。

52

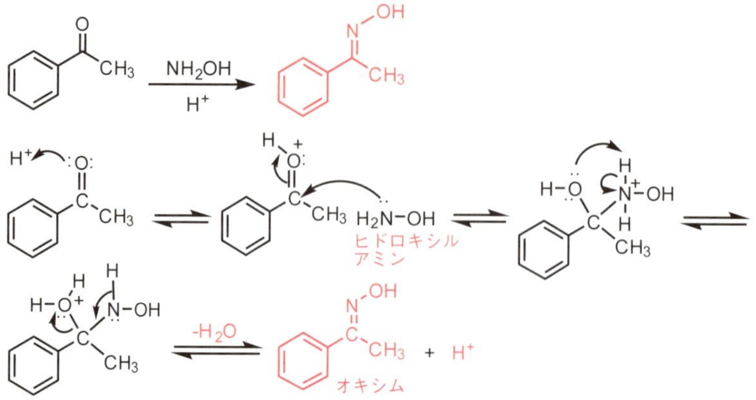

ポイント
- 第一段階は，ヒドロキシルアミン(hydroxylamine)の窒素の非共有電子対がカルボニル炭素を求核的に攻撃する。
- 第二段階は，脱水反応によるオキシム(oxime)の生成である。

53

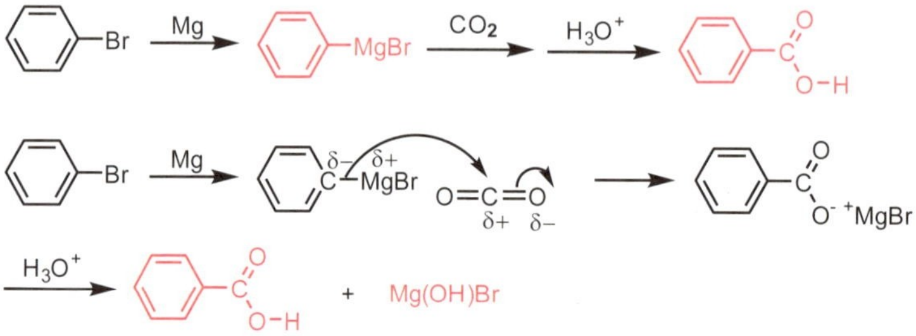

ポイント
- 本反応は，グリニャール試薬(Grignard reagent)と二酸化炭素(ドライアイスを用いることが多い)の反応によるカルボン酸の生成である。
- グリニャール試薬は，二酸化炭素のカルボニル炭素を求核的に攻撃する。

54

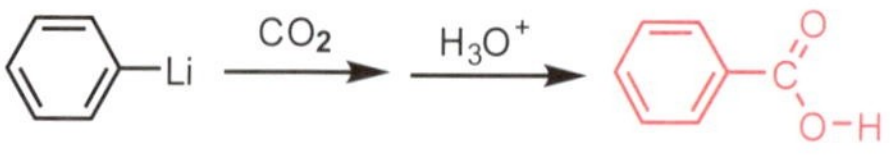

R-Li; 有機リチウム試薬

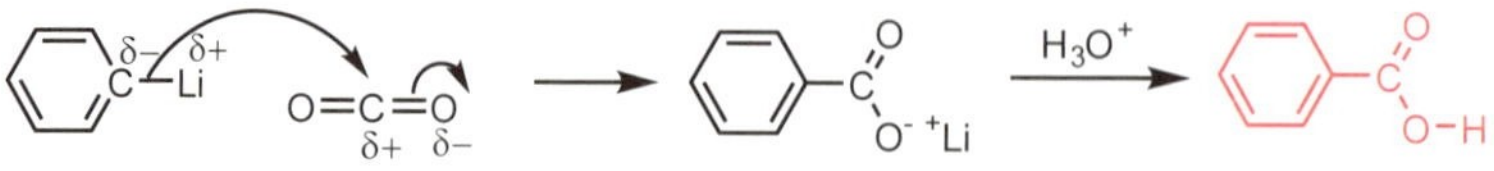

ポイント
- 有機リチウム試薬(organolithium reagent)は，グリニャール試薬と類似の反応メカニズムで反応が進行する。
- 電気陰性度(electronegativity)の関係で，炭素がδ−リチウムがδ+に分極する。
- 本反応は，種々の置換基をもつカルボン酸の簡便な合成法である。

55

[反応式: C₆H₅Li + CH₃CH₂-CN → C₆H₅-C(=N⁻ ⁺Li)-CH₂CH₃ → (H₃O⁺) → C₆H₅-C(=O)-CH₂CH₃]

[機構: 有機リチウム試薬のシアノ基への求核攻撃、イミン塩の生成、加水分解によるイミンの生成、プロトン化、水の付加、アンモニア脱離によるケトン生成]

ポイント
- 本反応は，ニトリルのケトンへの官能基変換反応である。
- 第一段階は，有機リチウム試薬のシアノ基炭素への求核的攻撃である。
- 第二段階は，リチウム塩の加水分解である。

56

[反応式: 2 CH₃MgBr + H₃CH₂C-C(=O)-OCH₃ → (H₃O⁺) → H₃CH₂C-C(OH)(CH₃)-CH₃]

[機構: グリニャール試薬のエステルカルボニル炭素への求核攻撃、OCH₃脱離によるケトン生成、2分子目のグリニャール試薬の付加、加水分解により第三級アルコール生成]

ポイント
- グリニャール試薬(Grignard reagent)は，エステルとの反応では 2 モル作用する。
- グリニャール試薬は，エステルの炭素を求核的に攻撃する。
- OCH₃は，脱離基(leaving group)としてはたらく。

57

[反応式: C₆H₅-C(=O)-OH + LiAlH₄ → (H₃O⁺) → C₆H₅-CH₂OH]

[機構: カルボン酸とLiAlH₄の反応により，カルボキシラート + AlH₃ + H₂↑生成、ヒドリドの求核付加、-LiOAlH₂脱離によりベンズアルデヒド生成、i) LiAlH₄, ii) H₃O⁺によりベンジルアルコール生成]

ポイント
- 本反応は，金属水素化物(metal hydride)の1つである水素化アルミニウムリチウム(LiAlH₄: lithium aluminum hydride)を用いたカルボン酸のアルコールへの還元である。
- ヒドリドイオン(H⁻: hydride ion)がカルボニル炭素を求核的に攻撃する。

58

NaOH, H₂O存在下、ピロリジンとベンゾイルクロリドの反応によりアミドが生成する。

ポイント
- 本反応は，ショッテン-バウマン反応(Schotten-Baumann reaction)と呼ばれる。アミンやアルコールを塩基性水溶液中で酸塩化物(acid chloride)と反応させると，アミドやエステルが生成する。
- 第一段階は，ピロリジンの窒素の非共有電子対がカルボニル炭素を求核的に攻撃する。

59

$CH_3CH_2-C(=O)-N(CH_3)_2 \xrightarrow{LiAlH_4} CH_3CH_2CH_2-N(CH_3)_2$

ポイント
- 第一段階は，ヒドリドイオン(H⁻ : hydride ion)の求核攻撃による四面体中間体の生成である。
- 第二段階は，脱離を伴うイミニウムカチオン(iminium cation)の生成である。
- 最終段階は，ヒドリドイオンのイミニウムカチオンへの求核攻撃によるアミンの生成である。

60

ベンズアルデヒド $\xrightarrow{NaCN, H_3O^+}$ シアノヒドリン $\xrightarrow{H_3O^+, \Delta}$ α-ヒドロキシカルボン酸

ポイント
- 第一段階は，カルボニル炭素へのシアン化水素(HCN : hydrogen cyanide)の可逆的付加であり，シアノヒドリン(cyanohydrin)が生成する。
- ニトリルの酸加水分解によりカルボン酸が生成する。

61

ポイント
- 本反応は，ストレッカーアミノ酸合成(Strecker amino acid synthesis)と呼ばれる。
- 第一段階は，アンモニアのカルボニル炭素への求核攻撃，それに続く脱水によるイミン(imine)の生成である。
- ニトリルの加水分解により，最終的にはα-アミノ酸が生成する。

62

ポイント
- 本反応は，クライゼン縮合(Claisen condensation)と呼ばれ，強塩基存在下カルボン酸エステルが自己縮合(self-condensation)し，β-ケトエステル(β-ketoester)が生成する。
- 第一段階は，水素引抜きによるエノラートイオン(enolate ion)の生成である。
- 第二段階は，エノラートイオンのカルボニル炭素への求核攻撃である。

63

ポイント
- 本反応は，ディークマン縮合(Dieckmann condensation)と呼ばれ，分子内の 2 つのエステルで Claisen 縮合が進行し，シクロアルカノンカルボン酸エステルが生成する。
- エノラートイオンが分子中のもう 1 つのエステルカルボニル炭素を求核的に攻撃する。

64

ポイント
- 本反応は，カニッツァロ反応(Cannizzaro reaction)と呼ばれ，芳香族アルデヒドの不均化(disproportionation)により 1 分子のカルボン酸と 1 分子のアルコールが生成する。
- ジアニオンから放出されるヒドリドイオン(H^-：hydride ion)のカルボニル炭素への求核攻撃が律速段階(rate-determining step)である。

65

ポイント
- 本反応は，ロイカート反応(Leuckart reaction)と呼ばれ，アルデヒドまたはケトンとギ酸アンモニウムを高温で反応させると，アミンが生成する。
- ギ酸イオン(formate ion)が，ヒドリドイオン(H^-)供与体(hydride ion donor)としてはたらく。

66

ポイント
- 本反応は，ヘンリー反応(Henry reaction)と呼ばれ，ニトロアルカンとカルボニル化合物とのアルドール縮合により，β-ニトロアルコール(β-nitro alcohol)が生成する。
- 第一段階は，CH_3O^-による水素引抜きで，安定なカルボアニオンが生成する。

67

ポイント
- 本反応は，ティシュチェンコ反応(Tishchenko reaction)と呼ばれ，一方のアルデヒドからもう一方のアルデヒドへヒドリドイオン(H^-)移動が起こり，エステルが生成する。
- 触媒としては，アルミニウムアルコキシド($Al(OR)_3$: aluminum alkoxide)が一般的である。

68

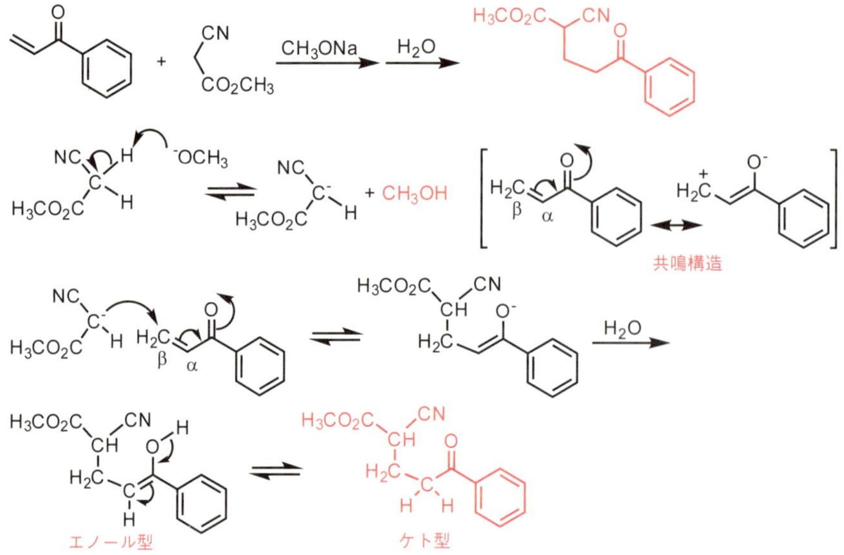

ポイント
- 本反応は，マイケル付加反応(Michael addition)と呼ばれ，α,β-不飽和カルボニル化合物(α,β-unsaturated carbonyl compound)とカルボアニオンにより C-C 結合が形成される。
- 第一段階は，CH_3O^- の活性メチレン(active methylene)からの水素引抜きによるカルボアニオンの生成である。
- 第二段階は，カルボアニオンが β-位炭素を求核的に攻撃する。
- 共鳴構造の寄与により，求核試薬は β-位炭素を優先的に攻撃する。

69

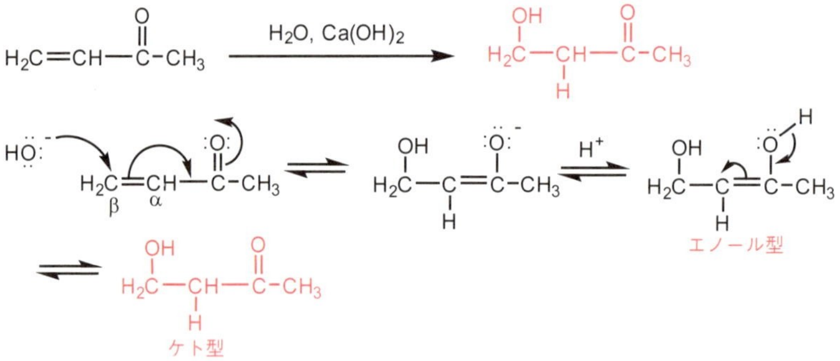

ポイント
- 本反応は，α,β-不飽和ケトン(α,β-unsaturated ketone)の塩基触媒による水和(hydration)であり，β-ヒドロキシケトンが生成する。
- 水酸化物イオン(HO^- : hydroxide ion)は，末端の β-位炭素を求核的に攻撃する。
- 最終段階は，ケト-エノール互変異性(keto-enol tautomerism)で，一般的に平衡はケト型に片寄っている。

70

[反応式: プロピオン酸 + カルボニルジイミダゾール → N-アシルイミダゾール中間体 → CH₃OHでエステル (H₃CH₂C-CO-OCH₃)、CH₃NH₂でアミド (H₃CH₂C-CO-NHCH₃) を生成]

機構:
- H₃CH₂C-COOH + カルボニルジイミダゾール → (−H-イミダゾール) → 混合無水物中間体 → (−CO₂↑) →
- N-アシルイミダゾール + CH₃OH → エステル H₃CH₂C-CO-OCH₃ + H-イミダゾール
- N-アシルイミダゾール + CH₃NH₂ → アミド H₃CH₂C-CO-NHCH₃ + H-イミダゾール

反応性: N-アシルイミダゾール (R-CO-N-pyrrole) ≡ 酸塩化物 (R-CO-Cl)

ポイント
- 本反応では、カルボン酸から N-アシルイミダゾール (N-acylimidazole) を経由して、エステルやアミドが生成する。
- カルボニルジイミダゾール (CDI : carbonyl diimidazole) は、猛毒気体のホスゲン (phosgene) の代替として使用される。
- CDI から生じる N-アシルイミダゾールは、酸塩化物と類似の反応性を示す。

71

Br−CH₂−CO₂CH₃ + Ph−CO−CH₃ →(CH₃ONa)→ Ph-C(CH₃)-O-C(CO₂CH₃) (エポキシド)

機構:
- CH₃O⁻ + Br−CH₂−CO₂CH₃ ⇌ Br−CH⁻−CO₂CH₃ (カルボアニオン) + CH₃OH
- Ph−C(δ+)(=O^δ−)−CH₃ + ⁻CH(Br)−CO₂CH₃ → Ph−C(O⁻)(CH₃)−CH(Br)−CO₂CH₃ → (−Br⁻) → β Ph−C(CH₃)−O−C(H)(CO₂CH₃) α (エポキシエステル)

ポイント
- 本反応は、ダルツェンス反応 (Darzens reaction) と呼ばれる。
- 第一段階は、CH₃O⁻ による水素引抜きによるカルボアニオン (carbanion) の生成である。
- 最終段階は、分子内求核置換反応による α,β-エポキシエステル (α,β-epoxy ester) の生成である。

72

ポイント
- 本反応は，エステル交換反応(メチルエステルからエチルエステルへの変換)である。
- 酸性条件下で多量のエタノールを使用することでエチルエステル生成が有利な方向へ平衡が移動する。
- 第一段階は，エタノール酸素原子の非共有電子対のカルボニル炭素への求核攻撃である。

73

ポイント
- 本反応は，マンニッヒ反応(Mannich reaction)と呼ばれる。
- 第一段階は，ホルムアルデヒドに対する第二級アミンの求核攻撃と，それに続く脱水によるイミニウム塩(iminium salt) A の生成である。
- 第二段階は，イミニウム塩 A にエノール体 B が求核的に攻撃する。

5　転位反応

　転位反応 (rearrangement) とは，分子中の原子または原子団が転位 (移動) し，出発物質とは原子の位置や骨格が大きく変化する反応の総称である。これまでに数多くの転位反応が見出されている。

　まず最初に，炭素骨格が変化しない転位反応 (**演習 74**) と炭素骨格が変化する転位反応 (**演習 75**) を紹介する。両転位反応に共通する点は，"原子や原子団が転位することによって，より安定なカルボカチオンが生成する"ことである。**式(5-1)**

$$\text{H}_3\text{C}-\underset{\text{H}}{\overset{\text{H}}{\text{C}}}-\overset{+}{\text{CH}_2} \xrightarrow{\text{H}^-\text{の転位}} \text{H}_3\text{C}-\overset{+}{\text{C}}-\underset{\text{H}}{\overset{\text{H}}{\text{C}}}-\text{H}$$

カチオンの安定性　第一級カルボカチオン　＜　第二級カルボカチオン

$$\text{H}_3\text{C}-\underset{\text{CH}_3}{\overset{\text{CH}_3}{\text{C}}}-\overset{+}{\text{CH}_2} \xrightarrow{\text{CH}_3^-\text{の転位}} \text{H}_3\text{C}-\underset{\text{CH}_3}{\overset{+}{\text{C}}}-\text{CH}_2-\text{CH}_3 \quad (5\text{-}1)$$

カチオンの安定性　第一級カルボカチオン　＜＜　第三級カルボカチオン

　CH_3^- が転位するもう1つの例が，ピナコール-ピナコロン転位 (pinacol-pinacolone rearrangement) である。ここでは，CH_3^- が転位して生じるカルボカチオンは OH 酸素原子上の非共有電子対を介したカチオンの非局在化が可能であり，かなり安定である。**式(5-2)**

$$(5\text{-}2)$$

カルボカチオンの非局在化

　上述の3つの反応は，いずれも正に荷電した炭素への転位反応であったが，ここから電子不足ではあるが荷電していない炭素原子，窒素原子，酸素原子への転位反応をいくつか紹介する。

まず，電子が不足した炭素原子への転位反応として，ウォルフ転位(Wolff rearrangement)が知られている．酸塩化物とジアゾメタン(CH_2-N_2：diazomethane)の反応で得られる化合物を酸化銀存在下で加熱すると窒素が脱離しカルベン(carbene)中間体が生成する．カルベンは価電子を6個しかもたない電子不足の炭素であり，置換基R⁻が転位することによりケテン(ketene)が生成する．式(5-3)

$$(5\text{-}3)$$

このケテンに水が反応するとカルボン酸が，アルコールが反応するとエステルが，アミンが反応するとアミドが生成する．酸塩化物はカルボン酸から誘導されるので，本反応を利用すると炭素が1つ増加したカルボン酸，エステル，アミドが得られ，合成化学的に大変有用である．式(5-4)

$$(5\text{-}4)$$

次に，電子が不足した窒素原子上への転位反応を紹介する。出発原料や反応させる試薬の違い，反応条件の違いにより，シュミット転位(Schmidt rearrangement；演習78)，ホフマン転位(Hofmann rearrangement；演習79)，クルチウス転位(Curtis rearrangement；演習80)，ロッセン転位(Lossen rearrangement；演習81)が知られている。これら転位の詳細な反応メカニズムは演習に記載されている。式(5-5)

$$(5\text{-}5)$$

オキシムを硫酸(H_2SO_4：sulfuric acid)，ポリリン酸(polyphosphoric acid)，五塩化リン(PCl_5：phosphorus pentachloride)，三フッ化ホウ素(BF_3：boron trifluoride)などで処理すると，R^-が窒素原子上に転位し，最終的に水と反応してアミドが生成する。本反応はベックマン転位(Beckmann rearrangement)と呼ばれる。この反応の特徴は，OH基に対してアンチ(anti；トランスと同じ意味)の関係にある置換基Rが常に転位することである。また，R^-が転位して生じるカルボカチオンはN原子上の非共有電子対を介したカチオンの非局在化が可能であり，かなり安定である。最終的には水と反応してアミドが生成する。式(5-6)

電子が不足した酸素原子への転位反応として，バイヤービリガー酸化（Baeyer-Villiger oxidation；演習163）やヒドロペルオキシド転位（Hydroperoxide rearrangement；演習86）などが知られている。これら転位の詳細な反応メカニズムは演習に記載されている。

これまでに述べた転位反応では，多くの場合カルボカチオンが関与していたが，カルボアニオ（carbanion）が関与する転位反応も知られている。ソムレーハウザー転位（Sommelet-Hauser rearrangement；演習76），ベンジル酸転位（Benzilic acid rearrangement；演習77），スティブンス転位（Stevens rearrengement；演習82），ファボルスキー転位（Favorskii rearrangement；演習190）などが知られている。これらの詳細な反応メカニズムも演習に記載されている。

演習問題

転位反応(rearrangement)

74 $H_3C-CH_2-CH_2-N^+\equiv N \xrightarrow[H_2O]{\Delta} H_3C-CH_2-CH_2-OH + H_3C-\underset{H}{\underset{|}{C}}-CH_3$
$\overset{OH}{}$

$H_3C-CH_2-CH_2-N^+\equiv N \xrightarrow{-N_2\uparrow} H_3C-\overset{H}{\underset{|}{C}}-\overset{+}{C}H_2 \xrightarrow{H^-の転位} H_3C-\overset{+}{\underset{H}{\underset{|}{C}}}-CH_3 \xrightarrow{:\ddot{O}_2H} H_3C-\underset{H}{\underset{|}{C}}-CH_3$
第一級カルボカチオン < 第二級カルボカチオン (主生成物)
安定性

$\xrightarrow{H_2O} H_3C-CH_2-CH_2-OH$
(副生成物)

> **ポイント**
> ・第一段階は，加熱によるジアゾニウム塩からの窒素分子の脱離である。
> ・生じた第一級カルボカチオンから H^- が転位すると，より安定な第二級カルボカチオンとなる。
> ・最終段階は，水分子のカルボカチオン(carbocation)への求核攻撃である。

75 $H_3C-\underset{CH_3}{\overset{CH_3}{\underset{|}{\overset{|}{C}}}}-CH_2-Br \xrightarrow[H_2O]{\Delta} H_3C-\underset{CH_3}{\overset{OH}{\underset{|}{\overset{|}{C}}}}-CH_2-CH_3$

$H_3C-\underset{CH_3}{\overset{CH_3}{\underset{|}{\overset{|}{C}}}}-CH_2-Br \xrightarrow{-Br^-} H_3C-\underset{CH_3}{\overset{CH_3}{\underset{|}{\overset{|}{C}}}}-\overset{+}{C}H_2 \xrightarrow{CH_3^-の転位} H_3C-\underset{CH_3}{\overset{+}{\underset{|}{C}}}-CH_2-CH_3 \xrightarrow{:\ddot{O}_2H} $
第一級カルボカチオン << 第三級カルボカチオン
カチオンの安定性

$H_3C-\underset{CH_3}{\overset{\overset{H}{\overset{|}{\underset{+}{\overset{O}{|}}}}H}{\underset{|}{C}}}-CH_2-CH_3 \xrightarrow{-H^+} H_3C-\underset{CH_3}{\overset{OH}{\underset{|}{\overset{|}{C}}}}-CH_2-CH_3$

> **ポイント**
> ・本反応は，ワグナー－メーヤワイン転位(Wagner-Meerwein rearrangement)と呼ばれる。
> ・生じた第一級カルボカチオンから CH_3^- が転位すると，より安定な第三級カルボカチオンとなる。
> ・最終段階は，水の酸素原子の非共有電子対のカルボカチオンへの求核攻撃である。

76

ポイント
- 本反応は，ソムレ－ハウザー転位(Sommelet-Hauser rearrangement)と呼ばれ，ベンジルトリメチルアンモニウム塩に液体アンモニア中，ナトリウムアミド(NaNH$_2$: sodium amide)などの強塩基を作用させると o-位に置換基を有するベンジルジメチルアミン類が生成する。
- N-イリド(N-ylide)中間体を経由する。

77

ポイント
- 本反応は，ベンジル酸転位(benzilic acid rearrangement)と呼ばれ，α-ジケトン類をNaOHで処理すると転位が起こり，α-ヒドロキシカルボン酸(α-hydroxycarboxylic acid)が生成する。

78

ポイント
- 本反応は，シュミット転位(Schmidt rearrangement)と呼ばれ，ベンゾイルカチオン(benzoyl cation)中間体がアジ化水素と反応，続いて，脱窒素を伴いながら転位が起こりイソシアナート(isocyanate)が生成する。
- 最終段階は，イソシアナートに水が付加した後，脱炭酸(decarboxylation)が起こり，対応するアミンが生成する。

79

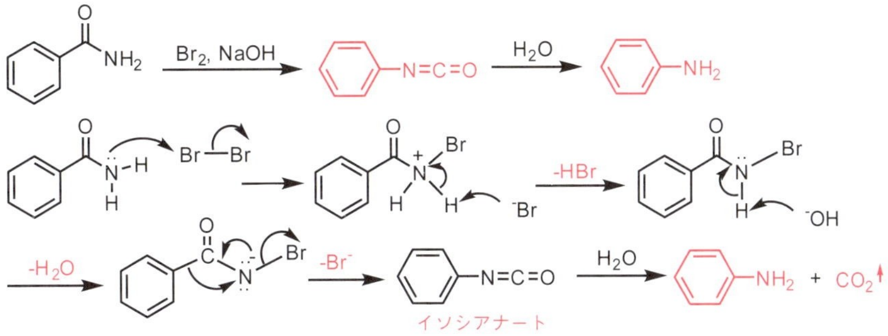

[反応スキーム: ベンズアミド → (Br₂, NaOH) → フェニルイソシアナート → (H₂O) → アニリン、および詳細な反応機構]

ポイント
- 本反応は，ホフマン転位(Hofmann rearrangement)と呼ばれ，アミドにアルカリ水溶液中臭素(または塩素)を作用させるとイソシアナートが生成する。
- 最終段階は，イソシアナートに水が付加した後，脱炭酸(decarboxylation)が起こり，対応するアミンが生成する。

80

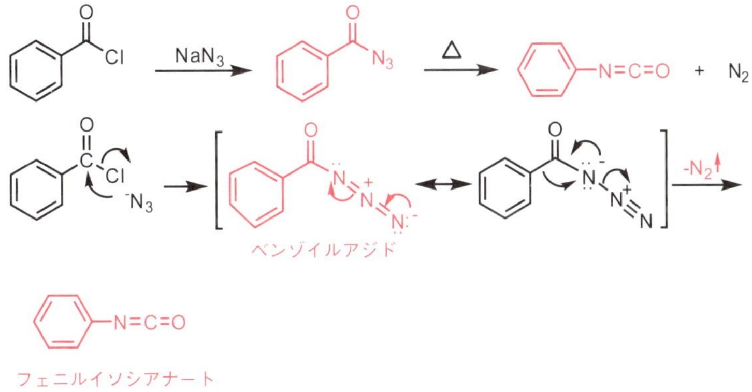

[反応スキーム: ベンゾイルクロリド → (NaN₃) → ベンゾイルアジド → (Δ) → フェニルイソシアナート + N₂、および詳細な反応機構]

ベンゾイルアジド

フェニルイソシアナート

ポイント
- 本反応は，クルチウス転位(Curtius rearrangement)と呼ばれ，アシルアジド(RCON₃：acyl azide)，ここではベンゾイルアジド(benzoyl azide)を熱分解すると対応するイソシアナート(isocyanate)，ここではフェニルイソシアナートが生成する。
- 本反応では，窒素の脱離と転位が協奏的に進行する。

81

O-アシルヒドロキサム酸　　　　　架橋アニオン

ポイント
- 本反応は，ロッセン転位(Lossen rearrangement)と呼ばれ，*O*-アシルヒドロキサム酸(*O*-acylhydroxamic acid)を熱分解すると対応するイソシアナート(isocyanate)が生成する。
- ヒドロキサム酸のアニオンは不安定で，架橋アニオン(bridged anion)を経てイソシアナートへの協奏的な転位が起こる。

82

ポイント
- 本反応は，スティーブンス転位(Stevens rearrangement)と呼ばれる。
- カルボニル基の α-位に共鳴により安定化されるカルボアニオン(carbanion)が生成する。
- 一般的に，ベンジル基($PhCH_2-$：benzyl group)やアリル基($CH_2=CH-CH_2-$：allyl group)が転位しやすい。

83

(反応スキームおよび機構図)

ポイント
- 本反応は，ベックマン転位(Beckmann rearrangement)と呼ばれ，オキシム($R_2C=N-OH$：oxime)からアミドが生成する。
- 転位反応は，H_2SO_4，$SOCl_2$，P_2O_5，PCl_5，BF_3などの触媒によって促進される。
- OH基に対してアンチ(*anti*)の関係にある置換基が常に転位する。
- 最終段階は，互変異性(tautomerism)である。

84

(反応スキームおよび機構図)

ポイント
- 銀とハロゲンの親和性のため，塩化物イオンが脱離し塩化銀($AgCl$：silver chloride)の沈殿が生成する。
- CH_3^-が転位すると，共鳴による非局在化のため，かなり安定なカルボカチオン(carbocation)が生成する。

85

ポイント
- 第一段階は，臭化物イオンが脱離し，臭化銀(AgBr : silver bromide)の沈殿が生成する。
- 二環性カルボカチオンから6員環カチオンになることで，歪みが解消される。
- 転位により生成するカルボカチオンは，共鳴による非局在化のためかなり安定である。

86

ポイント
- 本反応は，クメンヒドロペルオキド転位(cumene hydroperoxide rearrangement)と呼ばれる。
- クメン(cumene)の空気酸化により，クメンヒドロペルオキシド(cumene hydroperoxide)が生成する。
- C_6H_5- の転位により生成するカルボカチオン(carbocation)は，共鳴による非局在化のためかなり安定である。
- 本反応は，工業的規模でのフェノールとアセトンの製造に用いられる。

6 脱離反応

　脱離反応(elimination)とは,1つの分子から2つの原子または原子団が脱離して(取り除かれて)多重結合が導入される反応である。脱離反応は,1,2-脱離,α,β-脱離または単にβ-脱離とも呼ばれる。式(6-1)　一般的に脱離反応は,反応メカニズムの観点から,E2反応,E1反応,E1cB反応に分類される。

$$-\underset{\beta}{C}\underset{|}{\overset{H}{|}}-\underset{\alpha}{C}\underset{X}{\overset{|}{|}}- \longrightarrow \;C=C\; + \;HX \tag{6-1}$$

X: 脱離基

　まず,E2反応について解説する。この脱離反応は,級数の低いハロゲン化アルキルと強塩基の組合せで起こりやすい。一級のブロモアルカンに強塩基のt-ブトキシドイオンを作用させると,末端アルケン(a)が主生成物として,エーテル(b)が副生成物として得られる。式(6-2)　立体障害の大きいt-ブトキシドイオンが強塩基としてはたらきβ-水素引抜きが起こるとE2反応生成物が,求核試薬としてはたらくとS_N2反応生物が得られる。

　E2反応の特徴は以下の通りである。1)反応速度式は,臭化アルキルとt-ブトキシドイオンの濃度の積で表される。これがE2(Elimination, bimolecular)の由来である。2)反応はt-ブトキシドイオンがβ-位の水素を引抜きながら,残された電子で二重結合を形成しながら臭素原子がBr^-として脱離する,いわゆる協奏反応(concerted reaction)が起こる。3)脱離基Xと強塩基により引抜かれるHが同一平面上の反対側に位置するアンチペリプラナー(*anti*-periplanar)立体配座から脱離する。この脱離は,アンチ脱離(*anti* elimination)あるいはトランス脱離(*trans* elimination)と呼ばれる。4)反応の初期の段階から二重結合の形成が起こるため出発物資の立体を保持したアルケンが生成する。5)t-ブトキシドイオンが塩基ではなく反応性の高い求核試薬として作用するとS_N2反応が競争反応(competitive reaction)として起こる。

$$R\text{-}CH_2CH_2\text{-}Br + H_3C\text{-}\underset{CH_3}{\underset{|}{\overset{CH_3}{\overset{|}{C}}}}\text{-}O^- \longrightarrow R\text{-}CH=CH_2 + R\text{-}CH_2CH_2O\text{-}\underset{CH_3}{\underset{|}{\overset{CH_3}{\overset{|}{C}}}}\text{-}CH_3$$

(a) 主生成物(E2)　　(b) 副生成物(S$_N$2)

(6-2)

$R\text{-}CH=CH_2 \longleftarrow$ [中間状態図] $\longrightarrow R\text{-}CH_2CH_2O\text{-}C(CH_3)_3$
(a)　　　　　　　　　　　　　　　　　　　　　　(b)

　次に E1 反応について解説する。この反応は，三級ハロゲン化アルキルと弱塩基の組合せで起こりやすい。2-ブロモ-2-メチルプロパン(2-bromo-2-methylpropane)をエタノール中で加熱すると2-メチルプロペン(2-methylpropene)が主生成物，2-エトキシ-2-メチルプロパン(2-ethoxy-2-methylpropane)が副生成物として得られる。式(6-3)　E1 反応の特徴は以下の通りである。1)反応速度は，2-ブロモ-2-メチルプロパンの濃度のみに依存する。これが E1 (Elimination, unimolecular)の由来である。2)まず Br$^-$ が脱離してかなり安定なカルボカチオン(carbocation)が生成する。3)エタノールの非共有電子対が H を引抜くとアルケンが生成する。4)エタノールが弱塩基ではなく求核試薬として作用すると，S$_N$1 が競争反応として起こる。

$$H_3C\text{-}\underset{CH_3}{\underset{|}{\overset{CH_3}{\overset{|}{C}}}}\text{-}Br \xrightarrow[加熱]{C_2H_5OH} \underset{H_3C}{\overset{H_3C}{>}}CH=CH_2 + H_3C\text{-}\underset{CH_3}{\underset{|}{\overset{CH_3}{\overset{|}{C}}}}\text{-}OC_2H_5$$

(c) E1反応生成物　　(d) S$_N$1反応生成物

(6-3)

$H_3C\text{-}C(CH_3)_2\text{-}OC_2H_5 \longleftarrow$ [カルボカチオン中間体図] $\longrightarrow (CH_3)_2C=CH_2$
(d)　　　　　　　　　　　　　　　　　　　　　　(c)

　最後に，E1cB について解説する。この反応は，脱離基が最初に脱離する E1 反応とは異なり，強塩基により β-水素が引抜かれカルボアニオン(carbanion)が生成し，それに続いて脱離基 X がアニオンとして抜けてアルケンが生成する。この反応機構は，炭素陰イオン型一分子脱離反応 E1cB 反応(Elimination unimolecular, conjugate Base)と呼ばれる。式(6-4)

$$\underset{\substack{\text{2,2-ジクロロ-1,1,1-}\\\text{トリフルオロエタン}}}{\begin{array}{c}F\ H\\|\ \ |\\F-C-C-Cl\\|\ \ |\\F\ Cl\end{array}}\xrightarrow{C_2H_5ONa}\underset{\substack{\text{1,1-ジクロロ-2,2-}\\\text{ジフルオロエテン}}}{\begin{array}{c}F\ \ \ \ \ Cl\\\diagdown\ \ \diagup\\C=C\\\diagup\ \ \diagdown\\F\ \ \ \ \ Cl\end{array}}$$

(6-4)

$$\begin{array}{c}F\ H\\|\ \ |\\F-C-C-Cl\\|\ \ |\\F\ Cl\end{array}\underset{H^+}{\overset{-H^+}{\rightleftarrows}}\begin{array}{c}F\\|\\F-C-C-Cl\\|\ \ |\\F\ Cl\end{array}\xrightarrow{-F^-}\begin{array}{c}F\ \ \ \ \ Cl\\\diagdown\ \ \diagup\\C=C\\\diagup\ \ \diagdown\\F\ \ \ \ \ Cl\end{array}$$

電子求引性の Cl 原子が 2 個結合しているため β-水素の酸性度は高く，$C_2H_5O^-$ により容易に水素引抜きが起こりかなり安定なカルボアニオンが生成する．なぜなら，生成したアニオンは強力な電子求引基 CF_3 によりアニオンの非局在化が可能である．最後に，カルボアニオンから脱離能の低い F^- が脱離してアルケンが生成する．この段階が本反応の律速段階(rate-determining step)である．

　分子中に 2 箇所 β-水素が存在する場合，脱離反応により複数の脱離生成物が生成する可能性がある．例えば，2 位に脱離基 X をもつブタンでは，2-ブテン(2-butene)と 1-ブテン(1-butene)が生成する可能性がある．式(6-5)

$$\begin{array}{c}H\ H\ H\\|\ \ |\ \ |\\H_3C-C-C-C-H\\|\ \ |\ \ |\\H\ X\ H\end{array}\xrightarrow{C_2H_5ONa} H_3C-CH=CH-CH_3\ +\ CH_3CH_2-CH=CH_2$$

2-ブテン　　　　　　　1-ブテン

X	2-ブテン	1-ブテン
X=Br	81%	19%
X=S(CH$_3$)$_2$$^+$	26%	74%
X=N(CH$_3$)$_2$$^+$	5%	95%

(6-5)

置換の多いアルケン(2-ブテンは二置換アルケン)をザイツェフ則(Saytzeff rule)に従った生成物，置換の少ないアルケン(1-ブテンは一置換アルケン)をホフマン則(Hofmann rule)に従った生成物という．2 種類のアルケンの生成割合は，分子中に存在する脱離基 X の性質により決まる．X=Br のように C-X 結合が比較的切れやすい場合，強塩基である $C_2H_5O^-$ が β-水素を引抜きながら，そこに生じた電子対で二重結合を形成しながら X が脱離していく協奏反応である．そのため，二重結合の形成が反応の初期過程から起こる．すなわち，遷移状態は二重結合性をもち，より安定な多置換アルケン(π結合の空の軌道 π* が隣接する C-H の超共役により安定化される)の生成が優先的に起こる．一方，X として四級アンモニウム塩 $N^+(CH_3)_2$ やスルホニウム塩 $S^+(CH_3)_2$ の脱離反応の遷移状態は E1cB 的であり，カルボアニオンの安定性が問題となる．カルボアニオンの安定性は，カルボカチオンの安定性の逆で，第三級＜第二級＜第一級＜メチルの

順に安定性が増す．したがって，アルキル置換の少ない炭素上にアニオンが生じるような遷移状態が有利となり 1-ブテンの生成が優先される．

　上述したように，脱離反応はトランス脱離（*anti* 脱離）であった．しかしながら，立体的な要請で脱離していく H と X が同じ側であるシス脱離（*syn* 脱離）も知られている．バージェス脱水反応（Burgess dehydration reaction；**演習 92**），コープ脱離（Cope elimination；**演習 93**），チュガーエフ脱離（Chugaev elimination；**演習 94**），などが知られている．これらの詳細な反応メカニズムは演習に記載されている．

演習問題

脱離反応(elimination)

87 $H_3C-\underset{H}{\underset{|}{C}}-\underset{OH}{\underset{|}{C}}-H \xrightarrow{H_2SO_4, \Delta} H_3C-CH=CH_2$

$H_3C-\underset{H}{\underset{|}{C}}-\underset{\overset{..}{O}-H}{\underset{|}{C}}-H \rightleftharpoons H_3C-\underset{H}{\underset{|}{C}}-\underset{\overset{+}{O}-H}{\underset{|}{C}}-H \xrightarrow{-H_2O} H_3C-CH=CH_2$

ポイント
- 本反応は，脱水(dehydration)によるアルコールからのアルケンの生成である。
- 第一段階は，酸素原子の非共有電子対へのプロトン化である。
- 第二段階は，HSO_4^-による水素引抜きと水分子の脱離が，E2機構で進行する。

88 $\underset{(CH_3)_2\overset{+}{S}}{\underset{|}{H-C}}-\underset{H}{\underset{|}{C}}-SO_2Ph \xrightarrow{NaOH} H_2C=\underset{SO_2Ph}{\overset{H}{C}}$

$\underset{(CH_3)_2\overset{+}{S}}{\underset{|}{H-\overset{\alpha}{C}}}-\underset{H}{\underset{|}{\overset{\beta}{C}}}-SO_2Ph \rightleftharpoons \underset{(CH_3)_2\overset{+}{S}}{\underset{|}{H-\overset{\alpha}{C}}}-\underset{H}{\underset{|}{\overset{\beta}{C}}}-SO_2Ph \xrightarrow{-(CH_3)_2S} H_2C=\underset{SO_2Ph}{\overset{H}{C}}$

共役塩基 (conjugate base)

ポイント
- 本脱離反応は，E1cB(E1 conjugate Base)機構と呼ばれ，カルボアニオン(carbanion)中間体を経由する。
- 出発物質は，正電荷をもつ脱離基であるスルホニウム基とβ-炭素上に強い電子求引基(electron withdrawing group)であるフェニルスルホニル基が置換しており，カルボアニオンが生成しやすい。

89

第四級アンモニウムヒドロキシド → アミノアルケン

ポイント
- 本反応は，ホフマン分解(Hofmann degradation)と呼ばれ，第四級アンモニウムヒドロキシドを加熱すると置換の少ないアルケンが生成する。
- 本反応は，ホフマン脱離(Hofmann elimination)とも呼ばれる。
- β-炭素上の水素が引抜かれ，環が開裂してアミノアルケン(aminoalkene)が生成する。

90

ポイント
・本反応は，金属を用いた脱離反応の例である。
・トランス脱離 (*trans* elimination) が起こる。
・優先順位の高い CH₃ が同じ側に位置するので，立体配置は Z (susammen：ドイツ語で"一緒に"の意味) である。

91

ポイント
・本反応は，金属を用いた脱離反応の例である。
・トランス脱離 (*trans* elimination) が起こる。
・優先順位の高い CH₃ が反対側に位置するので，立体配置は E (entgegen：ドイツ語で"反対の"意味) である。

92

ポイント
・本反応は，バージェス脱水反応 (Burgess dehydration reaction) と呼ばれ，(メトキシカルボニルスルファモイル) トリエチルアンモニウム (Burgess 反応剤) を用いてアルコールの脱水反応を行うと，アルケンが生成する。
・反応は，立体特異的なシン脱離 (*syn*-elimination) で進行する。

93 [反応式: PhCH₂CH₂N⁺(CH₃)₂O⁻ → Δ → PhCH=CH₂ + H₃C-N(CH₃)-O-H]

トリアルキルアミン-N-オキシド

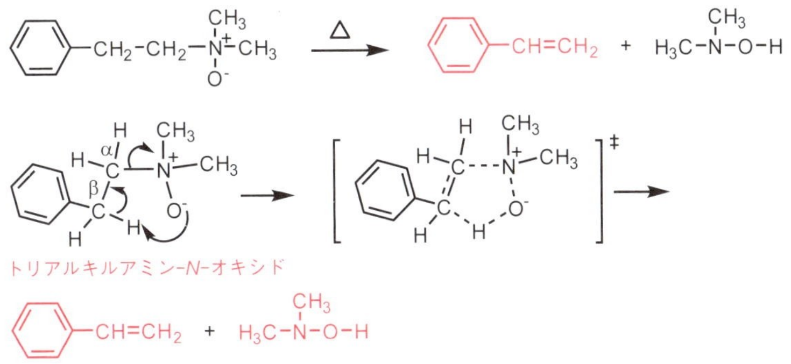

ポイント
- 本反応は，コープ脱離(Cope elimination)と呼ばれ，トリアルキルアミン-*N*-オキシドの熱分解によりアルケンが生成する。
- 窒素と酸素を含む五員環遷移状態を経由して反応が進行する。
- トリアルキルアミン-*N*-オキシドは極性が高く，酸素アニオンが塩基として作用し，シン配座からβ-水素が脱離する。

94 [反応式: PhCH₂CH₂-O-C(=S)-SCH₃ → Δ, 100-250°C → PhCH=CH₂ + COS + CH₃SH]

キサントゲン酸メチル

[H-S-C(=O)-SCH₃ → S=C=O + H-SCH₃]

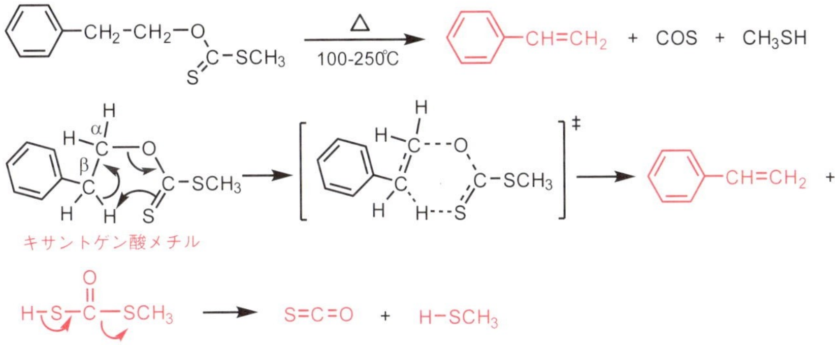

ポイント
- 本反応は，チュガエフ脱離(Chugaev elimination)と呼ばれ，キサントゲン酸エステルの熱分解によりアルケンが生成する。
- 硫黄原子を含む六員環遷移状態を経由して反応が進行する。
- β-水素とキサントゲン酸エステル基は，環状遷移状態において同一面に位置する。

7 ラジカル反応

単結合 A-B が切断される場合，2つの切断様式がある．1つは，A-B 間の2個の共有結合電子が一方の原子に属するような切れ方で，結果としてカチオンとアニオンが生成する．このような切断様式は，不均一開裂(heterolytic fission)またはヘテロリシス(heterolysis)と呼ばれる．もう1つは，2個の共有結合電子をそれぞれの原子が1個ずつもって切れ，2個の不対電子，ラジカル(radical)が生成する．このような切断様式は，均一開裂(homolytic fission)またはホモリシス(homolysis)と呼ばれる．式(7-1)

$$\begin{array}{l}\text{ヘテロリシス}\\ A-B \equiv A\overset{\frown}{\cdot}\cdot B \longrightarrow A^+ + B^- \quad (\text{イオンの生成})\\ \text{ホモリシス}\\ A-B \equiv A\cdot\overset{\S}{\cdot}\cdot B \longrightarrow A\cdot + \cdot B \quad (\text{ラジカルの生成})\end{array} \quad (7\text{-}1)$$

ラジカルは，カルボカチオンと同じように sp^2 混成軌道に近い構造(3個の置換基がつくる平面の上下に p-軌道が直交)をしており，p-軌道には1個の電子が入っている．したがって，ラジカルの安定性は第三級＞第二級＞第一級＞メチルラジカルの順序になる．式(7-2)

$$\underset{\text{ラジカル構造}}{R_{\cdots}\overset{\cdot}{\underset{R}{C}}-R} \quad \underset{\text{第三級ラジカル}}{H_3C-\overset{CH_3}{\underset{CH_3}{C}}\cdot} > \underset{\text{第二級ラジカル}}{H_3C-\overset{CH_3}{\underset{H}{C}}\cdot} > \underset{\text{第一級ラジカル}}{H_3C-\overset{H}{\underset{H}{C}}\cdot} > \underset{\text{メチルラジカル}}{H-\overset{H}{\underset{H}{C}}\cdot} \quad (7\text{-}2)$$

アリルラジカル(allyl radical)やベンジルラジカル(benzyl radical)は，生成したラジカルを共鳴により分子全体に非局在化することができるため，特に安定である．式(7-3)

アリルラジカル $\overset{\cdot}{C}H_2-CH=CH_2 \longleftrightarrow CH_2=CH-\overset{\cdot}{C}H_2$

ベンジルラジカル (7-3)

ラジカル反応

ラジカルは，電子対をつくっていないために反応性が高い．ここでは，水素引抜き反応を紹介する．

脂肪族炭化水素では，ラジカル連鎖反応(radical chain reaction)により置換反応が起こる．連鎖反応が開始されるためには，まずラジカルを生成させる必要がある．ハロゲン分子に光を照射すると開裂が起こりラジカル X・ が生成する．この段階は開始(initiation)と呼ばれる．このラジカル X・ は炭化水素から水素を引抜き，ハロゲン化水素 HX とアルキルラジカル R・ が生成する．アルキルラジカル R・ は，ハロゲン分子からハロゲン原子を引抜いてハロゲン化アルキル RX が生成すると同時に，またラジカル X・ が再生される．この2つの反応段階は成長(propagation)と呼ばれる．反応混合物中のラジカルの濃度は低いため，ラジカル同士が結合する可能性は低いが，やはり起こって反応を停止させてしまう．この段階は停止(termination)と呼ばれる．具体的には，2個のラジカル X・ が再結合してハロゲン分子 X_2 が，アルキルラジカル R・ とラジカル X・ が結合してハロゲン化アルキル R-X が，2個のアルキルラジカル R・ が結合して二量体 R-R が生成する．式(7-4)

$$
\begin{aligned}
\text{開始段階} \quad & X_2 \longrightarrow 2\,X\cdot \\
\text{成長段階} \quad & X\cdot + R\text{-}H \longrightarrow HX + R\cdot \\
& R\cdot + X_2 \longrightarrow R\text{-}X + X\cdot \\
\text{停止段階} \quad & 2\,X\cdot \longrightarrow X_2 \\
& R\cdot + X\cdot \longrightarrow R\text{-}X \\
& 2\,R\cdot \longrightarrow R\text{-}R
\end{aligned}
\tag{7-4}
$$

水素引抜き反応のほかに，ラジカル付加反応(**演習95**，**演習97**)やラジカルの二量化反応(**演習96**)が知られている．これらの反応の詳細な反応メカニズムは演習に記載されている．

演習問題

ラジカル反応 (radical reaction)

95

[反応式: スチレン + HBr, Δ, ジ-tert-ブチルペルオキシド → PhCH₂CH₂Br]

[機構図:
- $(CH_3)_3C-O-O-C(CH_3)_3 \xrightarrow{100-130\,^\circ C} 2\,(CH_3)_3C-O\cdot$ (tert-ブトキシラジカル)
- $(CH_3)_3C-O\cdot + H-Br \rightarrow (CH_3)_3C-OH + Br\cdot$
- $PhCH=CH_2 + Br\cdot \rightarrow Ph\dot{C}H-CH_2Br$ (A, より安定なラジカル) vs. $PhCHBr-\dot{C}H_2$ (B)
- 共鳴構造(ベンジルラジカルの非局在化)
- $Ph\dot{C}H-CH_2Br + HBr \rightarrow PhCH_2-CH_2Br + Br\cdot$]

ポイント
- 本反応は，ラジカル反応によるアルケンへの臭化水素の付加である。
- 本付加反応は，逆マルコウニコフ則 (anti-Markovnikov rule) に従って進行する。
- 第一段階は，ジ-tert-ブチルペルオキシド (di-tert-butyl peroxide) の熱分解による tert-ブトキシラジカル (tert-butoxy radical) の生成である。
- ラジカル A は，共鳴による非局在化のため，ラジカル B よりはるかに安定である。
- 最終段階は，ラジカル A が HBr より水素を引抜き，生成物とともに Br・が再生する。

96

$2\,CH_3COCH_3 \xrightarrow{Mg,\,\Delta} \xrightarrow{H_3O^+} (CH_3)_2C(OH)-C(OH)(CH_3)_2$

[機構図:
- アセトン + e⁻ → ラジカルアニオン
- Mg²⁺ を介した二量化 → マグネシウムアルコキシド環状中間体
- H₃O⁺ → ピナコール $(CH_3)_2C(OH)-C(OH)(CH_3)_2$]

ポイント
- 本反応は，ピナコールカップリング (pinacol coupling) と呼ばれ，カルボニル化合物の還元的二量化 (reductive dimerization) により 1,2-ジオールが生成する。
- 第一段階は，マグネシウムからカルボニル酸素への一電子移動によるラジカルアニオン (radical anion) の生成である。

97

$(CH_3)_2C=C(CH_3)_2$ + HBr $\xrightarrow{\text{BPO}, \triangle}$ $H_3C-\underset{CH_3}{\underset{|}{C}}(H)-\underset{CH_3}{\underset{|}{C}}(Br)-CH_3$

BPO (ベンゾイルペルオキシド) → 2 Ph· + 2CO$_2$↑
  フェニルラジカル

Ph· + H–Br → Ph–H + Br·

$(CH_3)_2C=C(CH_3)_2$ + Br· → $H_3C-\underset{CH_3}{\underset{|}{C}}·-\underset{CH_3}{\underset{|}{C}}(Br)-CH_3$ + Br–H → $H_3C-\underset{CH_3}{\underset{|}{C}}(H)-\underset{CH_3}{\underset{|}{C}}(Br)-CH_3$

ポイント
- 第一段階は、過酸化ベンゾイル(BPO:benzoyl peroxide)の熱分解(60-100℃)によるフェニルラジカル(phenyl radical)の生成である。
- 第二段階は、フェニルラジカルによる水素引抜きで、Br·が生成する。
- 第三段階は、Br·の二重結合への付加である。

98

シクロヘキセン + Br$_2$(微量) + N-ブロモスクシンイミド $\xrightarrow{\text{BPO}, \triangle}$ 3-ブロモシクロヘキセン

BPO → 2 Ph· + 2CO$_2$↑
  フェニルラジカル

Ph· + Br–Br → Ph–Br + Br·

Br· + シクロヘキセン(H) → H–Br + [アリルラジカル ↔ アリルラジカル]

Br–Br + ·(シクロヘキセニル) → Br–(シクロヘキセニル) 3-ブロモシクロヘキセン + Br·

N-ブロモコハク酸イミド (N–Br) + H–Br → N–H (スクシンイミド) + Br$_2$

ポイント
- 第一段階は、過酸化ベンゾイル(BPO)の熱分解(60-100℃)によるフェニルラジカル(phenyl radical)の生成である。
- 第二段階は、フェニルラジカルと臭素の反応によるによるBr·の生成である。
- 第三段階は、Br·とシクロヘキセン(cyclohexene)の反応で、共鳴による安定化が期待できるアリルラジカル(·CH$_2$-CH=CH$_2$:allyl radical)が生成する。
- 第四段階は、アリルラジカルと臭素の反応で、3-ブロモシクロヘキセンが生成する。
- N-ブロモコハク酸イミド(NBS:N-bromosuccinimide)は、水素引抜きに関与するのではなく、低濃度の臭素発生源としてはたらく。

99

ジフェニルジアゾメタン
ジフェニルカルベン（三重項カルベン）
sp-混成
180°回転

ポイント
- ジフェニルジアゾメタン（diphenyldiazomethane）の光照射で，三重項カルベン（triplet carbene）のジフェニルカルベン（diphenylcarbene）が生成する。
- 三重項カルベンは，ラジカル的な挙動をとる。
- 2種類の立体異性体の混合物となる。1つは立体を保持したままラジカル同士が結合，もう1つは180°回転した後ラジカル同士が結合したものである。

100

$CHBr_3 + (CH_3)_3CO^-K^+ \longrightarrow :CBr_2 + (CH_3)_3COH + HBr$

ジブロモカルベン（一重項カルベン）

sp³-混成

ポイント
- 本反応は，ラジカル反応ではないが，演習99との比較のためここに示した。
- ブロモホルム（CHBr₃：bromoform）をカリウム tert-ブトキシドで処理すると，一重項カルベン（singlet carbene）のジブロモカルベン（dibromocarbene）が生成する。
- 本反応では，出発のアルケンの立体が保持される。
- シン付加（syn-addition）で反応が進行する。

101 シクロヘキセン + CH$_2$I$_2$, Zn-Cu → ビシクロ[4.1.0]ヘプタン

ヨウ化ヨードメチル亜鉛(II)

バタフライ形遷移状態

ポイント
- 本反応は,シモンズ–スミスシクロプロパン化(Simmons-Smith cyclopropanation)と呼ばれ,ジヨードメタン(diiodomethane)と Zn-Cu 合金を用いてアルケンのシクロプロパン化を行う。
- CH$_2$ZnI$_2$ は,カルベンと類似の反応を示すため,カルベノイド(carbenoid)と呼ばれる。
- シクロプロパン化は,三中心バタフライ形遷移状態(butterfly-type transition state)を経て進行すると考えられている。

8 ペリ環状反応

 有機化合物の反応は，これまでに述べてきたカルボカチオンやカルボアニオンが関与した極性反応(polar reaction)，それぞれの反応基質から1個ずつ電子を出し合って新しい結合をつくるラジカル反応(radical rection)，それとペリ環状反応(pericyclic reaction)に分類することもできる。

 ペリ環状反応は，さらに電子環状反応(electrocyclic reaction)，付加環化反応(cycloaddition reaction)，シグマトロピー転位(sigmatoropic rearrangement)に分類される。まず，電子環状反応について解説する。

 電子環状反応は，共役二重結合の両末端の炭素間に新しいσ-結合が形成される分子内反応である。この反応では，反応基質に比べ環が1つ増えると同時に，π-結合が1つ減ってしまう。この反応は可逆的であり，シクロブテン(cyclobutene)は歪みが大きいため，平衡状態では開環形の1,3-ブタジエン(1,3-butadiene)がより多く存在する。これに対し，1,3,5-ヘキサトリエン(1,3,5-hexatriene)では閉環形の1,3-シクロヘキサジエン(1,3-cyclohexadiene)のほうが有利となる。式(8-1)

$$\text{1,3-ブタジエン} \rightleftarrows \text{シクロブテン}$$
$$\text{1,3,5-ヘキサトリエン} \rightleftarrows \text{1,3-シクロヘキサジエン} \tag{8-1}$$

 次に，付加環化反応について解説する。付加環化反応では，2種類の異なったπ-結合をもった分子が反応して環状化合物が生成する。それぞれの反応基質はπ-結合を失い，結果として生じる環状生成物は2つの新しいσ-結合をもつことになる。式(8-2)には，1,3-ブタジエンとエチレンの反応によるシクロヘキセンの生成を示した。

$$\text{1,3-ブタジエン} + \text{CH}_2=\text{CH}_2 \rightarrow \text{シクロヘキセン（新しいσ結合）} \tag{8-2}$$

ジエン成分(共役4π電子系)とジエノフィル(dienophile：2π電子系)との[4π+2π]付加環化反応

はディールス-アルダー反応(Diels–Alder reaction)と呼ばれ,付加環化反応中では最もよく知られた反応である。この反応の詳細なメカニズムは**演習 195** に記載されている。

シグマトロピー転位では,反応基質のσ-結合が切断され,生成物中に新しいσ-結合が形成されると同時に,π-結合が転位する。また,π-結合の数は反応前後で変わらない,言い換えると出発物質も生成物も同じ数のπ-結合をもつ。σ-結合の切断はπ-系の中央か末端で起こる。シグマトロピー転位は,一般的に[n,m]シグマトロピー転位と表記される。ここで,nとmはσ-結合が最終的に移動する位置を示している。例えば,**式(8-3)** の上段に示したように,σ-結合がn=3とm=3に転位する反応は[3,3]シグマトロピー転位([3,3]sigmatoropic rearrangement)と,下段に示したσ-結合がn=1とm=5に転位する反応は[1,5]シグマトロピー転位([1,5] sigmatoropic rearrangement)と呼ばれる。

(8-3)

代表的なシグマトロピー転位として,コープ転位(Cope rearrangement;**演習 102**),オキシコープ転位(Oxy-Cope rearrangement;**演習 103**),クライゼン転位(Claisen rearrangement;**演習 105**,**演習 106**)などが知られている。これらシグマトロピー転位の詳細な反応メカニズムは演習に記載されている。

演習問題

ペリ環状反応(pericyclic reaction)

102

1,5-ジエン

ポイント
- 本反応は，コープ転位(Cope rearrangement)と呼ばれ，1,5-ジエン(1,5-diene)の異性体への熱的[3,3]シグマトロピー転位([3,3]sigmatropic rearrangement)の一種である。
- 切断する結合の両端から1，2，3…と番号をつけ，新たに形成される結合の両端の番号を記す。ここでは，1，1のシグマ結合が切断，3，3に新たな結合が形成されるので，[3,3]シグマトロピー転位と記す。

103

エノール型　　ケト型　　δ,ε-不飽和カルボニル化合物

ポイント
- 本反応は，オキシコープ転位(Oxy-Cope rearrangement)と呼ばれ，3位にヒドロキシ基が置換した1,5-ジエンを加熱すると[3,3]シグマトロピー転位が起こり，δ,ε-不飽和カルボニル化合物(δ,ε-unsaturated carbonyl compound)が生成する。
- ケト-エノール互変異性(keto-enol tautomerism)が存在する。

104

β-ケト酸アリルエステル

ポイント
- 本反応は，キャロル転位(Carroll rearrangement)と呼ばれ，β-ケト酸アリルエステルの[3,3]シグマトロピー転位により，γ,δ-不飽和ケトン(γ,δ-unsaturated ketone)が生成する。
- 最終段階では，[3,3]シグマトロピー転位に引き続き，脱炭酸(decarboxylation)が起こる。

105

アリルビニルエーテル

γ,δ-不飽和アミド

ポイント
- 本反応は，クライゼン転位(Claisen rearrangement)と呼ばれ，アリルビニルエーテル(allyl vinyl ether)の[3,3]シグマトロピー転位により，γ,δ-不飽和アミド(γ,δ-unsaturated amide)が生成する。

106

ポイント
- 本反応は，クライゼン転位(Claisen rearrangement)と呼ばれる。
- 両o-位に置換基がある場合は，[3,3]シグマトロピー転位が2回起こり，p-位にアリル基が置換したフェノールが生成する。

107

ポイント

- 本反応は，アザ-クライゼン転位(aza-Claisen rearrangement)と呼ばれ，最終的には，医薬品の原料として有用なインドール，ここでは 5-メチル-3-フェニルインドール(5-methyl-3-phenylindole)が生成する。
- イミン-エナミン互変異性(imine-enamine tautomerism)が存在する。エナミン型は，アリルビニルエーテルのアザ誘導体とみなせる。

9 酸化と還元

　酸化反応(oxidation)とは，ある物質に対して酸素原子を導入したり，ある物質から水素原子や電子を奪い取る反応の総称である。これに対して，還元反応(reduction)とは，ある物質に対して水素原子を導入したり酸素原子を取り除いたり，さらにはある物質に電子を与える反応の総称である。ある物質を酸化する試薬は酸化剤(oxidizing agent)，還元する試薬を還元剤(reducing agent)と呼ばれる。いろいろな酸化剤・還元剤が知られているが，ここでは反応メカニズムが知られているものを中心に取り上げる。

　酸化反応の一例として，代表的な酸化剤である過マンガン酸カリウム($KMnO_4$：potassium permanganate)によるアルデヒドのカルボン酸への酸化を示した。p-メトキシベンズアルデヒドを硫酸酸性条件下で酸化すると p-メトキシ安息香酸が生成する。式(9-1)

$$(9\text{-}1)$$

　この反応で，Mn の酸化数は +7 から +5 に変化する。すなわち，酸化剤は相手の物質を酸化し，自身は電子を受け取って還元されることになる。

　クロム酸による酸化(演習 100)，スワン酸化(Swern oxidation；演習 142)，過マンガン酸カリウムによる酸化(演習 45，演習 109)，m-クロロ過安息香酸(演習 145)による酸化，クリーゲー酸化(Criegee oxidation；演習 110)，オゾン分解(ozonolysis；演習 148)，酢酸水銀による酸化(演習 146)，オッペナウアー酸化(Oppenauer oxidation；演習 114)などが知られている。これら酸化の詳細な反応メカニズムは演習に記載されている。

　還元反応において，特に重要な反応に接触還元(catalytic reduction)がある。接触還元とは，有機化合物に触媒の存在下水素を添加する反応である。接触還元には，アルケンやアルキンなどの不飽和結合に水素を添加する接触水素化(catalytic hydrogenation)と，C–O，C–N，C–X(X=ハロゲン)，C–S 結合などの σ-結合の開裂を伴う接触水素化分解(catalytic hydrogenolysis)がある。有機合成によく用いられる触媒としては，パラジウム－炭素(Pd/C)，アダムス触媒(Adams' catalyst: PtO_2), ラネーニッケル (Raney nickel) などが知られている。式(9-2)には, アルケンやアルキンのアルカンへの還元, エポキシ環の開裂, C-S 結合の切断を示した。

$$R_1R_2C=CR_3R_4 \xrightarrow[\text{または } PtO_2]{H_2, \text{ Pd-C}} R_1R_2CH-CHR_3R_4$$

$$R_1-C\equiv C-R_2 \xrightarrow[\text{または } PtO_2]{H_2, \text{ Pd-C}} [R_1CH=CHR_2] \rightarrow R_1CH_2CH_2R_2 \quad (9\text{-}2)$$

$$\text{(p-tolyl)epoxide} \xrightarrow[\text{または Ni}]{H_2, \text{ Pd-C}} \text{(p-tolyl)}CH_2CH_2OH$$

$$R_1-S-R_2 \xrightarrow{H_2, \text{ Raney-Ni}} R_1-H + H-R_2$$

アルケンやアルキンに対する接触水素化は, 一般に容易に進行しアルカンにまで還元されてしまう。しかし, 触媒の活性を弱めることによってアルキンを部分還元してアルケンの段階で単離することができる。この反応はリンドラー還元 (Lindlar reduction) と呼ばれ, 触媒活性を弱めるために触媒毒であるキノリンなどの芳香族アミン類や硫酸バリウム ($BaSO_4$: barium sulfate) や炭酸カルシウム ($CaCO_3$: calucium carbonate) などが用いられる。この還元で生成するアルケンの立体配置は, 水素がシス付加するため, (Z)-アルケンである。式(9-3)接触水素化分解の中に, 上述した触媒毒を用いて触媒の活性を弱め官能基の変換を行う反応がある。それは, ローゼムント還元 (Rosenmund reduction) と呼ばれ, 酸塩化物を対応するアルデヒドに変換することができる。式(9-3)

$$R_1-C\equiv C-R_2 \xrightarrow[\text{Pd, } CaCO_3]{H_2} \text{(Z)-}R_1CH=CHR_2$$

$$R-COCl \xrightarrow[\text{Pd, } CaCO_3]{H_2} R-CHO \quad (9\text{-}3)$$

金属水素化物 (metal hydride) の代表である水素化ホウ素ナトリウム ($NaBH_4$: sodium borohydride; 演習 50) や水素化アルミニウムリチウム ($LiAlH_4$: lithium aluminumhydride; 演習 57)

によるカルボニル化合物の還元,溶融金属を使い芳香環を部分還元するバーチ還元(Birch reduction;演習 115),塩基性条件でカルボニルをメチレンへ還元するウオルフ‐キシュナー還元(Wolf-Kishner reduction;演習 132)や酸性条件で還元するクレメンゼン還元(Clemmensen reduction;演習 133),アルミニウムイソプロポキシドとイソプロパノールを用いケトンをアルコールに変換するメーヤワイン‐ポンドルフ‐バーレー還元(Meerwein-Ponndorf-Verley reduction;演習 113)などもよく知られている。これら還元の詳細な反応メカニズムは演習に記載されている。

演習問題

酸化と還元 (oxidation and reduction)

108

ポイント
- 第一段階は，クロム酸エステル (chromate ester) 中間体の生成である。
- 第二段階は，弱塩基の水分子によるクロム酸エステルからの水素引抜きである。
- クロム酸は，酸化剤として基質を酸化する (自身は 6 価から 4 価へと還元されることに注意)。

109

ポイント
- アルデヒドを酸性条件下，過マンガン酸カリウム ($KMnO_4$: potassium permanganate) で酸化すると，対応するカルボン酸が生成する。

110

[Reaction scheme: pinacol with Pb(OCOCH₃)₄ → 2 acetone + Pb(OCOCH₃)₂ + 2 CH₃CO₂H, with mechanism showing cyclic lead intermediate]

ポイント
- 本反応は，クリーゲー酸化(Criegee oxidation)と呼ばれ，四酢酸鉛の酸化による *vic*-ジオール(*vic* は vicinal "隣接する" の略)の開裂により 2 つのケトン類が生成する。
- 四酢酸鉛(lead tetraacetate)は酸化剤で，自身は 4 価から 2 価に還元される。

111

[Reaction scheme: propiophenone with SeO₂, H₂O → 1-phenylpropane-1,2-dione, with mechanism via keto-enol tautomerization, addition of O=Se=O, and elimination of H₂SeO]

ケト型　　エノール型

1-フェニルプロパン-1,2-ジオン

ポイント
- 本反応は，ライレー二酸化セレン酸化(Riley selenium oxide oxidation)と呼ばれ，カルボニル基や二重結合に隣接するメチレン($-CH_2-$)の酸化の総称である。
- 本反応は，1,2-ジカルボニル化合物(1,2-dicarbonyl compound)，ここでは 1-フェニルプロパン-1,2-ジオン(1-phenylpropane-1,2-dione)の合成に有用である。

112

(reaction scheme: 4-methoxybenzaldehyde + NaClO₂, NaH₂PO₄, 2-methyl-2-butene → 4-methoxybenzoic acid)

$$ClO_2^- + H_2PO_4^- \rightleftharpoons HClO_2 + HPO_4^{2-}$$

(mechanism scheme showing attack of HClO₂ on aldehyde, tetrahedral intermediate, collapse to carboxylic acid + HOCl)

$$H\text{-}O\text{-}Cl + \text{2-methyl-2-butene} \longrightarrow \text{(chlorohydrin product)}$$

ポイント
- 本反応は，ピニック酸化(Pinnick oxidation)と呼ばれ，各種アルデヒドの酸化により対応するカルボン酸が生成する。
- 亜塩素酸ナトリウム(NaClO₂：sodium chlorite)とリン酸二水素ナトリウム(NaH₂PO₄：sodium dihydrogenphosphate)を用いる。
- 2-メチル-2-ブテンは，発生した HClO の除去剤(scavenger)として用いる。

113

(reaction scheme: butanal + (CH₃)₂CH-OH, i) Al(OC₃H₇-i)₃, ii) H₂O → 1-butanol + CH₃COCH₃)

(mechanism showing aluminium isopropoxide coordinating to aldehyde carbonyl via empty orbital (空軌道), six-membered transition state hydride transfer, giving aluminium alkoxide + acetone, もう2回繰返す, final hydrolysis to alcohol + Al(OH)₃)

ポイント
- 本反応は，メーヤワイン-ポンドルフ-バーレー還元(Meerwein-Ponndorf-Verley reduction)と呼ばれ，アルデヒドまたはケトンを還元しアルコールに変換する。
- この反応に用いるアルミニウムアルコキシドとしては，アルミニウムイソプロポキシド(aluminium isopropoxide)が最適である。

114 反応式: sec-ブチルアルコール + CH₃COCH₃ →(i) Al(OC₄H₉-t)₃, ii) H₂O)→ エチルメチルケトン + (CH₃)₂CH-OH

> **ポイント**
> - 演習113の還元反応の逆反応は，オッペナウアー酸化(Oppenauer oxidation)と呼ばれ，第二級アルコールを酸化し対応するケトンに変換する。
> - 触媒として用いられるアルミニウムアルコキシドとしては，アルミニウム *tert*-ブトキシド(aluminium *tert*-butoxide)が一般的である。

115 ベンゼン →(Na in liquid NH₃, CH₃CH₂OH)→ 1,4-シクロヘキサジエン

機構:
Na → Na⁺ + e⁻

e⁻ + ベンゼン → ラジカルアニオン → H-OCH₂CH₃によるプロトン化 → シクロヘキサジエニルラジカル → e⁻ → シクロヘキサジエニルアニオン → H-OCH₂CH₃によるプロトン化

→ シクロヘキサ-2,5-ジエン

アセトフェノン →(Na in liquid NH₃, CH₃CH₂OH)→ 1,4-ジヒドロ体

電子求引基の場合，共鳴により安定

アニソール (OCH₃) →(Na in liquid NH₃, CH₃CH₂OH)→ 3,6-ジヒドロ体

> **ポイント**
> - 本反応は，バーチ還元(Birch reduction)と呼ばれ，芳香環の1,4-還元によって対応する非共役シクロヘキサジエン(cyclohexadiene)が生成する。
> - 置換基の電子的効果により，生成するシクロヘキサジエンの構造が異なる。-COCH₃のような電子求引基(electron-withdrawing group)が置換している場合1,4-ジヒドロ体が，-OCH₃のような電子供与基(electron-donating group)が置換している場合3,6-ジヒドロ体が生成する。

応用編

演習問題

116

$H_3C-CO-CH_3$ + D_2O $\xrightarrow{DCl}$ D-CH(H)-CO-CH_3

$D_2\ddot{O}$ + D^+ ⇌ $D-\overset{+}{O}D_2$

$H_3C-CO-CH_2(\alpha)H$ + $D-\overset{+}{O}D_2$ ⇌ $D_2\ddot{O}$ + [中間体] ⇌ $H_2C=C(CH_3)-O-D$ + HOD_2^+

$D_2\overset{+}{O}-D$ + $H_2C=C(CH_3)-\ddot{O}-D$ ⇌ [中間体] ⇌ D-CH(H)-CO-CH_3 + D_3O^+

ポイント
- 本反応は，カルボニルの α-位水素の重水素化(deutration)である。
- 重水(D_2O: deuterium oxide)が Lewis 塩基として作用し，水素を引抜く。

117

$H_2C=CH-CH_2-CHO$ $\xrightarrow{NaOH, H_2O}$ $H_3C-CH=CH-CHO$

$H_2C=CH(\gamma)-CH(\beta)-CH_2(\alpha)-CHO$ ⇌ [$H_2C=CH-CH^--CHO$ ↔ $H_2C=CH-CH=CH-\ddot{O}^-$

↔ $H_2\overset{-}{C}-CH=CH-CHO$] + H_2O ⇌ $H_3C(\beta)-CH(\alpha)=CH-CHO$ + ^-OH

共鳴構造A

ポイント
- 本反応は，β,γ-不飽和カルボニル化合物の塩基触媒による α,β-不飽和カルボニル化合物への異性化反応(isomerization)である。
- 共鳴構造(resonance structure)A にプロトンが付加すると生成物になる。

118

アニソール + $CH_3CH_2CH_2CH_2Li$ → 2-リチオアニソール

[アニソール···LiC_4H_9] ⇌ [遷移状態]‡ $\xrightarrow{-C_4H_{10}}$ 2-リチオアニソール

ポイント
- 本反応は，スニーカスオルトメタル化(Snieckus directed ortho metalation)と呼ばれ，アニソールの酸素原子や他のヘテロ原子が置換した芳香族化合物をブチルリチウムで処理すると，*o*-位のみが脱プロトン化され，対応する 2-リチオ誘導体が生成する。
- 2-リチオ誘導体は，有機リチウム試薬(organolithium reagent)として有機合成に幅広く利用される。

119

ポイント
- 本反応は，シュタウディンガー反応(Staudinger reaction)と呼ばれ，アジド(-N₃：azide)と三配位リン化合物との反応によりイミノホスホラン(iminophosphorane)，別名アザ-イリド(aza-ylide)が生成する。
- 第一段階は，トリフェニルホスフィンのアジドへの攻撃によるホスファジド(phosphazide)の生成である。
- 最終段階は，四員環遷移状態を経て窒素が脱離し，イミノホスホランを生成する。

120

ポイント
- アミドを塩化チオニル($SOCl_2$：thionyl chloride)で処理するとニトリルが生成する。
- 本反応では，塩化チオニルが脱水剤(dehydration agent)としてはたらく。

121

ポイント
- 本反応は，フェノールの *O*-アセチル化反応(*O*-acetylation)である。
- ピリジニウムイオン(pyridinium ion) A は，よい脱離基(leaving group)である。

122

ポイント
- 本反応は，ロビンソン環化(Robinson annulation)と呼ばれ，新しい環が縮環した骨格をもつ化合物が生成する。
- 第一段階は，カルボアニオンの α,β-不飽和ケトンへのマイケル付加(Michael addition)である。
- 第二段階は，分子内アルドール反応(intramolecular aldol condensation)による環化である。
- 最終段階は，脱水による α,β-不飽和ケトンの生成である。

123

ポイント
- 本反応は，グリニャール反応(Grignard reaction)を利用したシアノ基のカルボニル基への変換である。
- 最終段階は，イミニウムイオン($-C=N^+$: iminium ion)の加水分解によるケトンの生成である。

124

ポイント
- 第一段階は，無水コハク酸のメタノールによる開環反応(ring-opening reaction)である。
- 第二段階は，カルボン酸の対応する酸塩化物(acid chloride)への変換反応である。
- 最終段階は，ローゼンムント還元(Rosenmund reduction)と呼ばれ，酸塩化物からアルデヒドが生成する。

125

ポイント
- 第一段階は，シクロヘキサノンとピロリジンからの脱水によるエナミン(enamine＝ene＋amine：分子内に二重結合とアミンをもつ化合物の総称)の生成である。
- 最終段階は，イミニウム塩(iminium salt) A の加水分解によるβ-ジケトン(β-diketone)の生成である。

126

ポイント
・第一段階は，強塩基 Bu^tO⁻ の水素引抜きによる，カルボアニオン(carbanion)の生成である。
・最終段階は，C-ニトロソ(C-nitroso：C-N=O)からオキシム(oxime：C=N-OH)への異性化反応(isomerization)である。

127

ポイント
・第一段階は，酢酸水銀(mercury(II) acetate)の解離である。
・酢酸水銀は，第三級アミン類の脱水素化反応によく用いられる。

128

ポイント
・第一段階は，ピリジン N-オキシド(pyridine N-oxide)のハロゲン化アルキルへの求核置換反応である。
・ピリジニウムイオン(pyridinium ion)は，よい脱離基(leaving group)である。

129

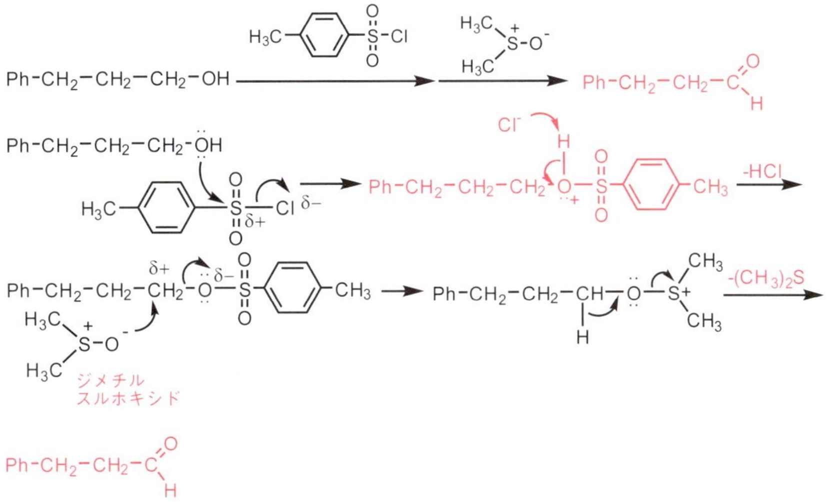

> ポイント
> ・本反応は，アルコールの酸化によるアルデヒドの生成であり，ジメチルスルホキシドが酸化剤(oxidizing agent)としてはたらく。
> ・*p*-トルエンスルホニル基(p-$CH_3C_6H_4SO_2$-：*p*-toluenesulfonyl group)は，よい脱離基である。

130

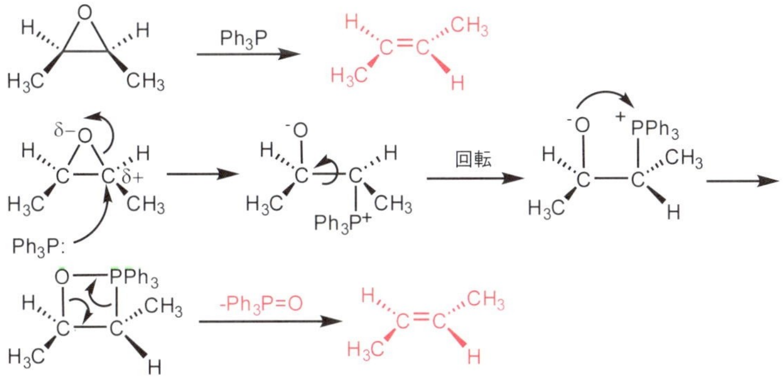

> ポイント
> ・本反応は，オキシラン(oxirane)からのアルケンの生成である。
> ・本反応では，トリフェニルホスフィン(triphenylphosphine)が還元剤(reducing agent)としてはたらく。
> ・本反応は，立体特異的であり，トランス(*trans*)のアルケンが生成する。

131

反応機構図：PhCH₂COOH + H₂C⁻–N⁺≡N → PhCH₂COOCH₃

ジアゾメタン，カルボキシラートイオン，−N₂

ポイント
- ジアゾメタン(diazomethane)は，温和な条件下でのメチルエステル合成に利用される。
- 第二段階は，カルボキシラートイオン(carboxylate ion)のジアゾメタンへの求核攻撃で，窒素が脱離する。

132

Ph₂C=O + H₂N–NH₂ (KOH, Δ) → PhCH₂–CH₂Ph

反応機構：ヒドラジド生成を経て、⁻OHによる水素引抜き、−N₂、−⁻OHを経てPhCH₂CH₂Phを与える。

ポイント
- 本反応は，ウォルフ－キシュナー還元(Wolff-Kishner reduction)と呼ばれ，塩基性条件下でカルボニルをメチレンまで還元する。
- 第一段階は，脱水によるヒドラジド(hydrazide)の生成である。
- 本反応では，水酸化物イオン(⁻OH：hydroxide ion)による水素引抜きと窒素の脱離が起こる。

133

[Clemmensen reduction scheme: acetophenone → ethylbenzene with Zn(Hg)/HCl, with detailed arrow-pushing mechanism through protonated ketone, Zn insertion, loss of water, second Zn insertion, loss of ZnCl₂, and protonation to give ethylbenzene]

> **ポイント**
> - 本反応は，クレメンゼン還元 (Clemmensen reduction) と呼ばれ，酸性条件下でカルボニルをメチレンまで還元する．
> - 亜鉛アマルガム (amalgam) を HCl で処理すると，水銀が溶け出すために亜鉛の表面積が飛躍的に大きくなり，反応が容易に進行する．

134

[(S)-sec-butanol + SOCl₂ in ether → (S)-2-chlorobutane with retention of configuration; mechanism showing chlorosulfite intermediate, Cl⁻ abstracting proton (−HCl), then intramolecular front-side delivery of Cl with loss of SO₂]

> **ポイント**
> - 本反応は，アルコールを対応する塩化物に変換する反応である．
> - エーテル中の反応では，塩化物イオン (Cl⁻ : chloride ion) は塩基としてはたらきプロトンを引抜く．
> - 生成した HCl は系外に出てしまうため，S_N2 機構で背面攻撃するには十分な求核試薬が得られない．
> - Cl の攻撃と SO_2 の脱離が分子内の同じ側で起こるため，立体が保持 (retention) される．

135

(反応式: (S)-2-ブタノール + SOCl₂ → (R)-2-クロロブタン, in pyridine)

ポイント
- 本反応は，演習134と同様，アルコールを対応する塩化物に変換する反応である。
- ピリジン中では，前述の反応とは異なりピリジンが塩基としてはたらきプロトンを引抜く。
- ピリジニウムイオン(pyridinium ion)となり，塩化物イオンが反応系中に保持される。
- –OSOClはよい脱離基で，塩化物イオンが S$_N$2 機構で背面攻撃(back-side attack)するため立体は反転(inversion)する。

136

(反応式: PhOCH₃ + HI → PhOH + CH₃I)

ポイント
- 本反応は，エーテル結合の強酸による切断反応である。
- アルキルアリールエーテル(alkyl aryl ether)，ここではメチルフェニルエーテル(methyl phenyl ether)とHIとの反応は，S$_N$2機構で進みフェノールとヨウ化メチルが生成する。

137

ポイント
- ベンジルメチルエーテル(benzyl methyl ether)の酸素にプロトンが付加した後，前述と同様，ヨウ化物イオンが S_N 機構で反応すると，経路 a と b が考えられる。
- 脱メタノールによってベンジルカチオン(benzyl cation)が生成すると，共鳴によりカチオンの非局在化が起こりかなり安定になるため，この反応は S_N1 機構で進行する。
- このように，安定なカチオンが生成する場合は，S_N1 機構が有利となる。

138

[アニリン + HNO₂ → ベンゼンジアゾニウム塩の反応機構図]

$2\ HNO_2 \rightleftharpoons O=N-O-N=O + H_2O$

アニリン → → N-ニトロソアニリン → → → ベンゼンジアゾニウム塩

ポイント
- アニリン(aniline)を酸性条件下で亜硝酸(HNO_2: nitrous acid)と反応させるとベンゼンジアゾニウム塩 (benzene diazonium salt)が生成する。
- 中間体としてN-ニトロソアニリン(N-nitrosoaniline)を経由する。
- N-ニトロソ化合物($N-N=O$)には発ガン物質が多いので,取扱いに注意を要する。

139

[ベンゼンジアゾニウム塩 + CuCN → ベンゾニトリル, + KI → ヨードベンゼン]

ベンゼンジアゾニウム塩 $\xrightarrow{\Delta, -N_2}$ [フェニルカチオン]

フェニルカチオン + ⁻CN → ベンゾニトリル
フェニルカチオン + ⁻I → ヨードベンゼン

ポイント
- 本反応は,ザンドマイヤー反応(Sandmeyer reaction)と呼ばれ,ベンゼンジアゾニウム塩とハロゲン化銅(I)の反応から,ハロ及びシアノベンゼンが生成する。
- ベンゼンジアゾニウム塩は,通常5℃以下に保てば安定である。しかし,温度が上昇すると窒素が脱離し,フェニルカチオン(phenyl cation)が生成する。
- 最終段階は,各種アニオンのフェニルカチオンへの求核攻撃である。

140

反応式と機構図(省略:フェノール + CHCl₃ → サリチルアルデヒド)

ポイント
- 本反応は,ライマー-ティーマン反応(Reimer-Tiemann reaction)と呼ばれ,フェノールにホルミル基(-CHO: formyl group)を導入できる。
- ジクロロカルベン(dichlorocarbene)は,その炭素の周りに6個の価電子しかもたないため,電子不足の状態にある。したがって,ジクロロカルベンが求電子試薬(electrophile)としてはたらく。

141

(反応A) ベンゼン + CH₃CH₂Cl, AlCl₃ → エチルベンゼン

(反応B) ベンゼン + CH₃CH₂CH₂CH₂Cl, AlCl₃ → n-ブチルベンゼン(約30%) + sec-ブチルベンゼン(約70%)

(反応A機構)
H₃CH₂C–Cl: + ◯AlCl₃(ルイス酸,空軌道) ⇌ H₃CH₂C^δ+–Cl–AlCl₃⁻ ⇌ CH₃CH₂⁺ + AlCl₄⁻(極限構造)

ベンゼン + H₃CH₂C^δ+–Cl–AlCl₃⁻ → アレニウムイオン中間体 → エチルベンゼン + HCl + AlCl₃

(反応B機構)
一級カルボカチオン CH₃CH₂–CH⁺–CH₂–H ⇌ (H⁻転位) CH₃CH₂–C⁺H–CH₃ より安定な二級カルボカチオン

ベンゼン + CH₃CH₂–C⁺H–CH₃ → 中間体 → sec-ブチルベンゼン + HCl + AlCl₃

ポイント
- 本反応は,フリーデル-クラフツアルキル化反応(Friedel-Crafts alkylation)と呼ばれる。
- 反応種がカルボカチオン(carbocation)に近いため,その安定性が生成物に強く反映される。
- 本反応で生成するカチオンは,一級カチオンであるが,ヒドリドイオン(H⁻: hydride ion)が転位すると,より安定な二級カチオンが生成する。

142 PhCH₂OH →[H₃C-S(=O)-CH₃, (COCl)₂, (CH₃CH₂)₃N] Ph-C(=O)-H

クロロスルホニウム塩

Ph-C(=O)-H + H₃C-S-CH₃ + (CH₃CH₂)₃N⁺HCl⁻
ベンズアルデヒド

ポイント
- 本反応は，スワン酸化(Swern oxidation)と呼ばれ，第一級アルコールから温和な条件で対応するアルデヒドが生成する。
- ジメチルスルホキシド((CH₃)₂SO：dimethylsulfoxide)と塩化オキサリル((COCl)₂：oxalyl chloride)からクロロスルホニウム塩(chlorosulfonium salt)が生成する。
- 最終段階は，アルコール酸素の非共有電子対のクロロスルホニウム塩への求核攻撃，それに続く脱離反応によりベンズアルデヒド(benzaldehyde)が生成する。

143

エノール型　ケト型

ポイント
- 本反応は，アシロイン縮合(acyloin condensation)と呼ばれ，アジピン酸ジエチル(diethyl adipate)から2-ヒドロキシシクロヘキサノン(2-hydroxycyclohexanone)が生成する。
- エステルが金属ナトリウムにより還元的カップリング(reductive coupling)を起こす。
- 最終段階は，ケト-エノール互変異性(keto-enol tautomerism)である。

144

ポイント
- 二重結合にプロトンが付加した場合，二級と一級の二種類のカルボカチオン(carbocation)が生成する可能性がある。
- 二級カルボカチオンでは，炭素骨格が転位(1,2-シフト)することでより安定な三級カルボカチオンが生成するとともに四員環の歪みが解消される。

145

ポイント
- 本反応は，プリレシャエフ反応(Prilezhaev reaction)と呼ばれ，以下のような協奏反応(concerted reaction)が起こる。
  a) 電子不足の酸素が二重結合のπ-電子を受け取る。b) 同時に，過酸のO-O結合が開裂する。
  c) 同時に，過酸のプロトンが過酸のC=O酸素へ移動する。
  d) 二重結合に付加した酸素上に残された電子対が電子不足の炭素を攻撃し閉環する。
- 本反応では，三員環エーテルのオキシラン(oxirane)が生成する。
- 過酸として，mCPBA(m-chloroperbenzoic acid：m-クロロ過安息香酸)がよく用いられる。
- m-クロロ過安息香酸は，反応後 m-クロロ安息香酸(m-chlorobenzoic acid)になる。

146

ポイント
- 本反応は，オキシ水銀化 – 脱水銀化反応(oxymercuration-demercuration)と呼ばれる。
- 三員環のマーキュリニウムイオン(mercurinium ion)中間体が生成する。
- H_2O はより少ない水素が結合している炭素を攻撃し，オキシ水銀体を与える。
- 最終段階は，オキシ水銀体の $NaBH_4$ による還元で，アルコールと水銀(0価)が生成する。

147

ポイント
- 本反応は，ヒドロホウ素化(hydroboration)-酸化反応である。
- 第一段階は，ブロモニウム中間体と類似のボラン – アルケン錯体の生成である。
- ボランのヒドリドイオン(H^- : hydride ion)が四中心遷移状態を経てアルケン炭素に付加する。
- トリアルキルホウ素をアルカリ性過酸化水素水で処理すると，アルコールが生成する。

148

(Reaction scheme: ozonolysis of 2-methyl-2-pentene)

2-メチル-2-ペンテン + O_3 → モロゾニド → オゾニド → (with $(CH_3)_2S$) → $H_3CH_2C-CO-CH_3$ + H_3C-CHO

機構:
- アルケン + O_3 → [モロゾニド] → カルボニルオキシド + カルボニル化合物 → オゾニド
- オゾニド + ジメチルスルフィド → $H_3CH_2C-CO-CH_3$ + H_3C-CHO + $H_3C-S(O)-CH_3$

ポイント
- 本反応は，オゾン分解(ozonolysis)と呼ばれ，2つのカルボニル化合物が生成する。
- 第一段階は，オゾンの求電子付加によるモロゾニド(molozonide)の生成である。
- 第二段階は，不安定なモロゾニドの分解と再結合によるオゾニド(ozonide)の生成である。
- 最終段階は，ジメチルスルフィド(dimethyl sulfide)による還元的環開裂である。

149

$(C_6H_5)_3P$ + CH_3I →(with $CH_3CH_2CH_2CH_2Li$)→ $(C_6H_5)_3\overset{+}{P}-\overset{-}{C}H_2$ + LiI

$H_3CH_2C-CO-CH_2CH_3$ + $(C_6H_5)_3\overset{+}{P}-\overset{-}{C}H_2$ → $H_3CH_2C-C(=CH_2)-CH_2CH_3$ + $(C_6H_5)_3P=O$

機構:
- $(C_6H_5)_3P:$ + CH_3I → $(C_6H_5)_3\overset{+}{P}-CH_3$ + LiI → $(C_6H_5)_3\overset{+}{P}-\overset{-}{C}H_2$ + LiI（リンイリド）
- ケトン + リンイリド → リンベタイン → オキサホスフェタン → アルケン + $(C_6H_5)_3P=O$（トリフェニルホスフィンオキシド）

ポイント
- 本反応は，ウィッティッヒ反応(Wittig reaction)と呼ばれ，カルボニル化合物からアルケンが生成する。
- 第一段階は，強塩基のブチルリチウムによる水素引抜きで，リンイリド(phosphorus ylide)が生成する。
- 第二段階は，不安定なリンベタイン(phosphorus betaine)の生成と，それに続くオキサホスフェタン(oxaphosphetane)の生成である。
- 最終段階は，四員環の開裂によるアルケンとトリフェニルホスフィンオキシド(triphenylphosphine oxide)の生成である。

150

（反応式・機構図）

ポイント
- 本反応は，マロン酸エステル合成(malonic ester synthesis)と呼ばれる。
- 第一段階は，強塩基のメトキシドイオン(CH_3O^- : methoxide ion)による水素引抜きであり，カルボアニオン(carbanion)が生成する。
- 第二段階は，S_N2反応によるC-アルキル化と，それに続くエステルの加水分解である。
- 最終段階は，加熱によるα-ジカルボン酸の脱炭酸(decarboxylation)でありモノカルボン酸が得られる。
- 本反応を用いることにより，出発原料の臭化アルキルより1個メチレン鎖 $-CH_2-$ の長いカルボン酸を合成できる。

151

（反応式・機構図）

イミニウム塩

p-アニスアルデヒド

ポイント
- 本反応は，ビルスマイヤー反応(Vilsmeier reaction)と呼ばれ，芳香環にホルミル基($-CHO$: formyl group)を導入できる。
- 第一段階は，N,N-ジメチルホルムアミド(DMF : N,N-dimethylformamide)と塩化ホスホリル($POCl_3$: phosphoryl chloride)の反応によって生じるイミニウム塩(iminium salt)を求電子試薬とする芳香族置換反応である。
- 第二段階は，イミニウム塩の加水分解，脱ジメチルアミン，それに続く脱プロトン化によりp-アニスアルデヒド(p-anisaldehyde)が生成する。

152

反応スキーム:
2 CH₃CHO → (NaOH, H₂O) → 3-ヒドロキシブタナール → (Δ) → クロトンアルデヒド (CH₃-CH=CH-CHO)

機構:
- アセトアルデヒド + ⁻OH ⇌ [エノラートイオン(共鳴構造)] + H₂O
- エノラートイオンがもう1分子のアセトアルデヒドのカルボニル炭素(δ+)を求核攻撃 → アルコキシド中間体 → プロトン化により 3-ヒドロキシブタナール + ⁻OH
- 3-ヒドロキシブタナールを加熱 → β脱水 → クロトンアルデヒド (α,β-不飽和アルデヒド) + H₂O

ポイント
- 本反応は，アルドール縮合(aldol condensation)と呼ばれ，アセトアルデヒドに NaOH を作用させると，二量体である 3-ヒドロキシブタナール(3-hydroxybutanal)が生成する。
- 第一段階は，水酸化物イオンによる水素引抜きであり，エノラートイオン(enolate ion)が生成する。
- アルドール(aldol = *ald*ehyde + alcoh*ol*)とは，分子内にアルデヒド基と水酸基をもつ化合物の総称である。
- アルドールを加熱すると分子内脱水反応が進行し，α,β-不飽和アルデヒド(α,β-unsaturated aldehyde)であるクロトンアルデヒド(crotonaldehyde)が生成する。

153

反応スキーム:
ヘキサンジアール (OHC-(CH₂)₄-CHO) → (KOH, H₂O, Δ) → 1-シクロペンテン-1-カルバルデヒド

機構:
- α炭素の水素が ⁻OH により引抜かれ，エノラートイオン(共鳴構造)が生成 (-H₂O)
- 生成したエノラートの炭素が分子内のもう一方のカルボニル炭素(δ+)を求核攻撃 → 五員環のアルコキシド中間体 → プロトン化によりヒドロキシシクロペンタンカルバルデヒド + ⁻OH
- 加熱により β脱水 → 1-シクロペンテン-1-カルバルデヒド + H₂O

ポイント
- 本反応は，分子内アルドール縮合(intramolecular aldol condensation)と呼ばれ，2個のアルデヒド基を一分子中にもつ化合物から環状化合物が生成する。
- 第一段階は，演習 152 と同様，エノラートイオン(enolate ion)の生成である。
- 生成したエノラートイオン(enolate ion)は，その分子の末端のもう 1 つのカルボニル炭素を求核的に攻撃する。

154

ポイント
- 本反応は，バートンラジカル脱炭酸反応(Barton radical decarboxylation reaction)と呼ばれ，チオヒドロキサム酸エステルとトリブチルスズヒドリドのような水素供与反応剤をAIBN(azobisisobutyronitrile)存在下加熱すると，還元的脱炭酸反応が起こる。
- 本反応は，カルボキシル基を除去したり，残りの部位に他の官能基を導入する際に用いる。

155

ポイント
- 本反応は，ベイリス-ヒルマン反応(Baylis-Hillman reaction)と呼ばれ，求核触媒である三級アミン存在下，アクリル酸エステルなどのα,β-不飽和カルボニル化合物のα-位でアルデヒドなどとC-C結合を形成する。
- よく用いられる求核触媒としては，DABCO(1,4-diazabicyclo[2.2.2]octane)やトリアルキルホスフィン(R_3P : trialkylphosphine)などがある。

156

ポイント
- 本反応は，パーキン反応(Perkin reaction)と呼ばれ，芳香族アルデヒド類を弱塩基存在下無水酢酸(acetic anhydride)のような酸無水物と縮合させると，α,β-不飽和カルボン酸(α,β-unsaturated carboxylic acid)が生成する。
- 本反応により，種々のケイ皮酸(cinnamic acid)誘導体が合成できる。

157

ポイント
- 本反応は，クネベナーゲル縮合(Knoevenagel condensation)と呼ばれ，弱塩基存在下で活性メチレン化合物(active methylene compound)とアルデヒドおよびケトンを反応させるとアルキリデン誘導体が生成する。
- 活性メチレン化合物として，シアノ酢酸エチル(ethyl cyanoacetate)を用いている。

158

[ベンゾイン縮合の反応式および反応機構図]

ポイント
- 本反応は，ベンゾイン縮合(benzoin condensation)と呼ばれ，シアン化ナトリウム(NaCN:sodium cyanide)触媒存在下，芳香族アルデヒド2分子からベンゾイン誘導体が生成する。
- 生成したカルボアニオン(carbanion)は，CNとの共鳴により非局在化するため安定である。

159

[Wittig反応の反応式および反応機構図]

共鳴による安定リンイリド

オキサホスフェタン

(E)-オレフィン　　トリフェニルホスフィンオキシド

ポイント
- 本反応は，ウィッティッヒ反応(Wittig reaction)と呼ばれ，カルボニル化合物からアルケンが生成する。
- 生成したイリドは，共鳴によるカルボアニオンの非局在化ができ，安定イリド(stabilized ylide)と呼ばれる。
- この安定化のため，オキサホスフェタン生成が可逆反応となり，熱力学的により安定なコンホメーション(2つの嵩高い置換基が環の逆側に向く)をとる。
- (E)-オレフィンが優先的に生成する。

160

(反応式・機構は図参照)

> **ポイント**
> ・本反応は，光延反応(Mitsunobu reaction)と呼ばれ，アゾジカルボン酸ジアルキル(dialkyl azodicarboxylate)とトリアルキルまたはトリアリールホスフィン存在下，温和な条件で脱水反応が進行する。
> ・最終段階の S_N2 反応では，立体が反転(inversion)することが立証されている。

161

(反応式・機構は図参照)

2-メチル-5-フェニルフラン

> **ポイント**
> ・本反応は，パール−クノルフラン合成(Paal-Knorr furan synthesis)と呼ばれ，1,4-ジカルボニル化合物を硫酸などの強酸で処理すると脱水反応が起こり，2-メチル-5-フェニルフラン(2-methyl-5-phenylfuran)が生成する。
> ・本反応は，分子内脱水反応(intramolecular dehydration)である。
> ・出発原料の1,4-ジカルボニル化合物は，比較的合成しにくいことが本反応の欠点である。

162 シクロヘキサノール + DMSO + DCC + H_3PO_4 ⟶ シクロヘキサノン + $H_3C-S-CH_3$ + N,N'-ジシクロヘキシル尿素

ポイント
- 本反応は，フィツナー－モファット酸化反応(Pfitzner-Moffatt oxidation)と呼ばれ，一級及び二級のアルコールを DMSO($(CH_3)_2SO$: dimethyl sulfoxide)中で N,N'-ジシクロヘキシルカルボジイミド(DCC: N,N'-dicyclohexylcarbodiimide)とリン酸を加え酸化反応を行なうと，アルデヒドやケトンが生成する。
- 第一段階は，プロトン化された DCC による DMSO の活性化である。
- 第二段階は，アルコールの活性化と，それに続くアルコキシスルホニウムイリド(alkoxysulfonium ylide)中間体の生成である。

163 シクロペンタノン + mCPBA / $NaHCO_3$ ⟶ δ-ラクトン + m-クロロ安息香酸

ポイント
- 本反応は，バイヤー－ビリガー酸化(Baeyer-Villiger oxidation)と呼ばれ，ケトンを m-クロロ過安息香酸(mCPBA: m-chloroperbenzoic acid)で処理するとエステルが生成する。
- 本反応は，環状エステルであるδ-ラクトン(δ-lactone)の合成例である。
- 最終段階は，炭素から酸素原子への転位と m-クロロ安息香酸(m-chlorobenzoic acid)の脱離である。

164

共鳴によるカルボカチオンの安定化

ポイント
- 本反応は，ピナコール – ピナコロン転位（pinacol-pinacolone rearrangement）と呼ばれ，1,2-ジオールを硫酸で処理すると転位反応が起こり，アルデヒドやケトンが生成する。
- 転位によって生成するカルボカチオン（carbocation）は，共鳴により安定化される。

165

第二級ラジカル ≫ 第一級ラジカル
ラジカルの安定性

ラジカルの共鳴による安定化

ポイント
- 第一段階は，光照射による弱いS-H結合の均一開裂（homolytic cleavage）であり，ラジカルが生成する。
- 第二級ラジカルは，ベンゼン環の関与により，分子全体にラジカルの非局在化ができるためかなり安定である。

166

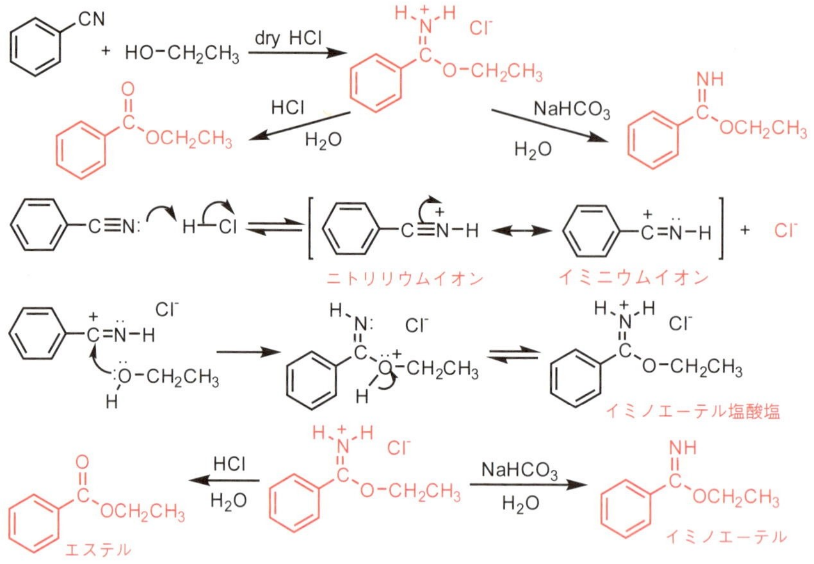

ポイント
- 本反応は，ピナー反応(Pinner reaction)と呼ばれ，無水塩化水素存在下，ニトリルとアルコールが縮合しイミノエーテル塩酸塩が生成する。
- イミノエーテル塩酸塩は，エステルやイミノエーテル(imino ether)などに容易に変換できる。

167

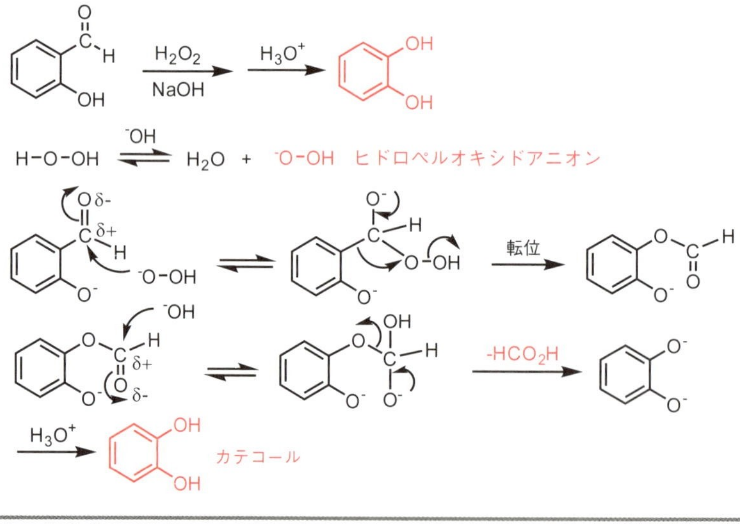

ポイント
- 本反応は，デーキン酸化(Dakin oxidation)と呼ばれ，o-ヒドロキシ芳香族アルデヒドを塩基性条件下で酸化すると，カテコール(catechol)誘導体が生成する。
- 第一段階は，過酸化水素水からの脱プロトンによるヒドロペルオキシドアニオン(HO_2^- : hydroperoxide anion)の生成，それに続くアニオンの求核攻撃である。
- 第二段階は，フェニル基の転位と，それに続く水酸化物イオンのカルボニル炭素への求核攻撃である。

168

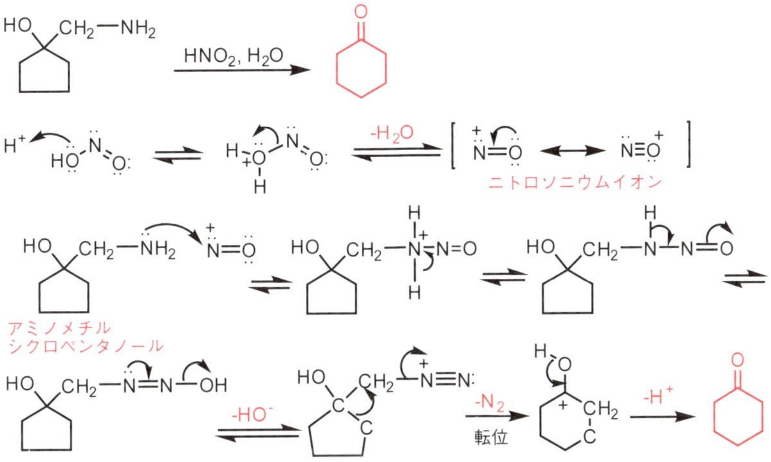

ポイント

・本反応は，ティフノー－デミヤノフ転位（Tiffeneau-Demjanov rearrangement）と呼ばれ，アミノメチルシクロアルカノールを亜硝酸で処理すると，環拡大したケトンが生成する。
・反応種は，ニトロソニウムイオン（nitrosonium ion）である。
・最終段階は，窒素の脱離とともに転位が起こり環拡大が起こる。

169

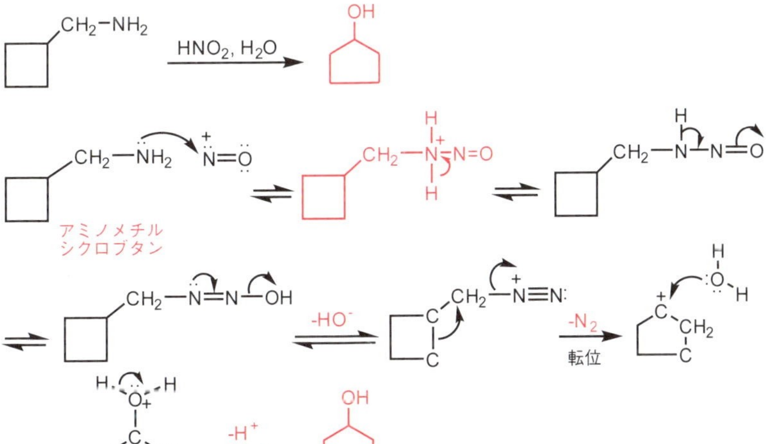

ポイント

・本反応は，デミヤノフ転位（Demjanov rearrangement）と呼ばれ，アミノメチルシクロアルカンを亜硝酸で処理すると，環拡大反応が起こりシクロアルカノールが生成する。
・窒素の脱離とともに転位が起こり環拡大が起こる。
・最終段階は，水分子のカルボカチオン（carbocation）への求核攻撃である。

170

ポイント
- 第一段階は，二重結合へのプロトン付加であり，二つのカルボカチオン (carbocation) の生成が考えられる。
- 二級カルボカチオンである中間体Aに比べ，Bは三級カルボカチオンであると同時に，共鳴によるカルボカチオンの非局在化が起こりかなり安定である。
- 第二段階は，OHの非共有電子対がカルボカチオンを求核的に攻撃し，第二の環を形成する。

171

ポイント
- 第一段階は，ベンジルアミンの α,β-不飽和エステル (α,β-unsaturated ester) へのマイケル付加反応 (Michael addition) である。
- 第二段階は，ベンジルアミンの窒素の非共有電子対が分子内のカルボニル炭素を求核攻撃し，メタノールの脱離を伴いながら環を形成する。

172

(反応式: スチレン + PhSO₂Cl → CuCl → PhCHCl-CH₂-SO₂Ph)

PhSO₂Cl + CuCl → PhSO₂• + CuCl₂

本反応で，Cuは1価から2価に酸化される。

(スチレンへのPhSO₂•ラジカル付加 → ベンジルラジカル生成)

(ベンジルラジカル + CuCl₂ → PhCHCl-CH₂-SO₂Ph + CuCl)

本反応で，Cuは2価から1価に還元される。

ポイント
- 第一段階は，S-Cl結合の均一開裂(homolytic cleavage)によるラジカルの生成である。
- 第二段階は，ラジカルとスチレンの反応による安定なベンジルラジカルの生成である。
- 反応全体では，Cuの酸化と還元が起こる。

173

PhCHO + (CH₃)₃C-O-Cl —BPO→ PhCOCl

BPO (ベンゾイルペルオキシド) → 2 Ph• + 2CO₂↑
フェニルラジカル

Ph• + Cl-O-C(CH₃)₃ → PhCl + •O-C(CH₃)₃
tert-ブトキシラジカル

PhC(=O)H + •O-C(CH₃)₃ → PhC(=O)• + H-O-C(CH₃)₃
ベンゾイルラジカル

PhC(=O)• + Cl-O-C(CH₃)₃ → PhC(=O)Cl + •O-C(CH₃)₃

ポイント
- 本反応では，ベンズアルデヒドから塩化ベンゾイル(benzoyl chloride)が生成する。
- 第一段階は，過酸化ベンゾイル(BPO: benzoyl peroxide)の熱分解によるフェニルラジカル(phenyl radical)の生成である。
- 第二段階はtert-ブトキシラジカル(tert-butoxy radical)の，第三段階はベンゾイルラジカル(benzoyl radical)の生成である。

174

ポイント
- 本反応は，ウギ四成分反応(Ugi 4-component reaction)と呼ばれ，イソシアニド(isocyanide)とアミン，アルデヒドあるいはケトン，及び求核試薬との間で四成分反応が起こり，単一化合物が生成する。
- 第一段階は，弱酸存在下アルデヒドとアミンの縮合反応によるイミニウム塩(iminium salt)の生成である。
- 第二段階は，フェニルイソシアニド(phenyl isocyanide)のイミニウム塩への求核攻撃，それに続く安息香酸のCN三重結合への付加である。

175

ポイント
- 本反応は，ステッター反応(Stetter reaction)と呼ばれ，求核触媒(ここでは⁻CN)存在下脂肪族および芳香族アルデヒドが活性な二重結合に付加した化合物が生成する。
- シアン化物イオン(⁻CN)は，第一段階で付加し最終段階で脱離するため，触媒(catalyst)としてはたらく。

176

[Stephen aldehyde synthesis mechanism scheme: p-methoxybenzonitrile + SnCl₂, HCl → H₂O → p-methoxybenzaldehyde, via imidoyl chloride (塩化イミドイル) and aldimine hydrochloride (アルジミン塩酸塩) intermediates]

ポイント

- 本反応は，スチーブンアルデヒド合成(Stephen aldehyde synthesis)と呼ばれ，ニトリルを塩化スズと塩酸を用いて還元するとアルデヒドが生成する。
- 第一段階は，塩化イミドイル(imidoyl chloride)の生成である。
- 第二段階は，塩化イミドイルのスズ還元により生成したアルジミン塩酸塩(aldimine hydrochloride)の加水分解である。

177

[Pinacol-pinacolone rearrangement mechanism: decalin-9,10-diol + H₂SO₄ → spiro[4.5]decan-6-one, via protonation, -H₂O to form carbocation, C migration (Cの転位), resonance stabilization (共鳴によるカルボカチオンの安定化), then -H⁺]

ポイント

- 本反応は，ピナコール-ピナコロン転位(pinacol-pinacolone rearrangement)と呼ばれ，出発原料は異なるが，演習164と同じ生成物を与える。
- 転位によって生成するカルボカチオン(carbocation)は，共鳴により安定化される。

178

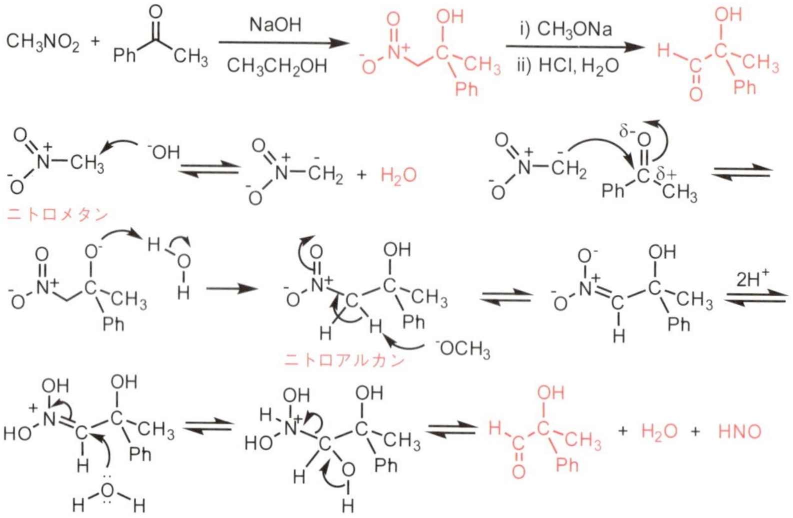

ポイント
- ニトロメタン(nitromethane)のメチルプロトンは，酸性度が高く塩基を作用させると容易にカルボアニオン(carbanion)が生成する。
- 後半の反応はネフ反応(Nef reaction)と呼ばれ，ニトロアルカンから塩基処理，続いて酸処理によりカルボニル化合物が生成する。

179

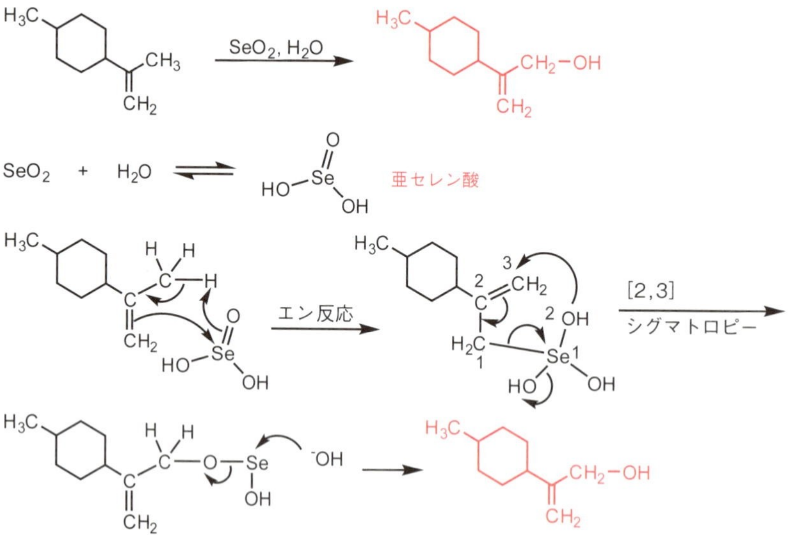

ポイント
- 二酸化セレン(SeO_2 : selenium dioxide)による酸化反応では，アルケンのアリル位でヒドロキシ化が起こり，アリルアルコール($CH_2=CH-CH_2-OH$: allyl alcohol)が生成する。
- 亜セレン酸とアルケンのエン反応(ene reaction)に引き続き，[2,3]シグマトロピー転位([2,3] sigmatoropic rearrangement)が起こる。

180

ポイント
- 本反応は，ジエノン-フェノール転位(Dienone-phenol rearrangement)と呼ばれ，シクロヘキサジエノンを酸触媒存在下反応させると，アルキル基の転位が起こりフェノール類が生成する。

181

ポイント
- 分子内に2種類の官能基(BrとC=O)をもつ化合物では，一方を保護する必要がある。
- 環状ケタール(ketal) A は，カルボニル基を求核剤の攻撃から保護する。
- グリニャール反応(Grignard reaction)では，難溶性の複塩 B が生成するので，最後に酸で処理する必要がある。この時，同時に脱保護が起こる。

182

[Reformatsky reaction scheme: CH₃CHO + Br-CH₂-CO₂CH₃ → (Zn, THF) → (H₃O⁺) → CH₃CH(OH)CH₂-CO₂CH₃]

機構:
- Zn がハロエステルに作用し、亜鉛エノラート (zinc enolate) が生成する平衡。
- アルデヒドと亜鉛エノラートが THF を配位に含む6員環遷移状態を経由。
- 生成物: O⁻⁺ZnBr 中間体 → H₃O⁺ → β位に OH をもつエステル CH₃CH(OH)CH₂CO₂CH₃ (β, α 位表示)

ポイント
- 本反応は、レフォルマトスキー反応 (Reformatsky reaction) と呼ばれ、β-位にヒドロキシ基をもつエステルが生成する。
- 第一段階は、ハロエステルの亜鉛還元による亜鉛エノラート (zinc enolate) の生成である。
- エノラートとアルデヒドと溶媒のテトラヒドロフランが関与した中間体が提唱されている。

183

[反応スキーム: CH₃CHO + HS-CH₂CH₂CH₂-SH → (H⁺) → 2-メチル-1,3-ジチアン → (CH₃CH₂CH₂CH₂Li) → [2-リチオ-2-メチル-1,3-ジチアン] → (Ph-CO-CH₃) → 付加生成物 (1,3-ジチアン-C(CH₃)(Ph)-OH の類の構造で H₃C と CH₃ 基、Ph、OH を持つ) → (HgCl₂) → CH₃-CO-C(CH₃)(Ph)(OH)]

この 1,3-ジチアン (1,3-dithiane) の生成は、演習 181 と類似の機構で進行する。

本来カルボニル炭素は + 性を帯びているが、ブチルリチウムによる水素引抜きで生成したカルボアニオンは負電荷をもつ。
このような電子状態の逆転を極性変換 (umpolung) という。

[HgCl₂ による加水分解機構: Cl-Hg-Cl が S に配位 → -Cl⁻ → ClHg-S⁺ 中間体 → 別の S への移動 → ClHg-S⁺ 別体 → H₂O 攻撃 → Cl-Hg-S 中間体 → -Cl⁻ → Hg-S⁺ 環状体 → -H⁺ → CH₃-CO-C(CH₃)(Ph)(OH) + 1,3-ジチアン-Hg 錯体]

ポイント
- チオアセタールを塩化水銀 (HgCl₂ : mercury(II) chloride) で処理すると、カルボニル化合物が生成する。

184

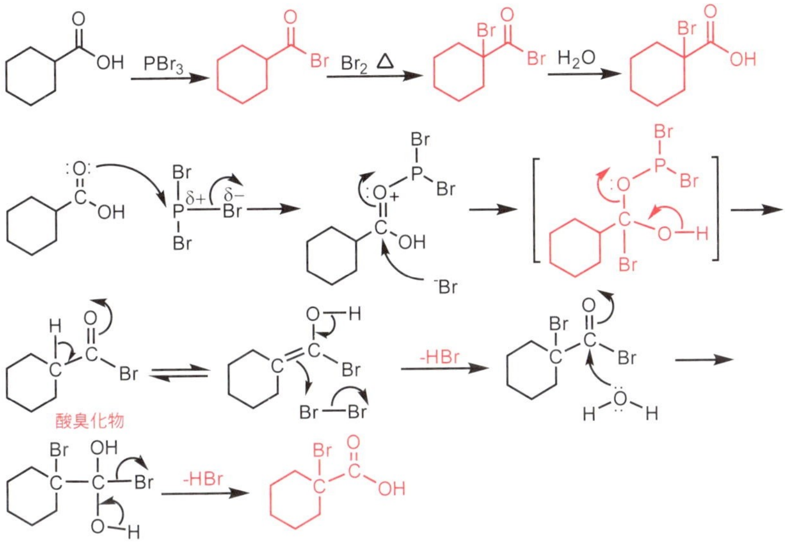

ポイント
- 本反応は，ヘル－フォルハルト－ゼリンスキー反応(Hell-Volhard-Zelinsky reaction)と呼ばれ，カルボン酸に三ハロゲン化リン存在下，ハロゲン単体(Cl_2 や Br_2)を高温で反応させると α-ハロカルボン酸(α-halo carboxylic acid)が生成する。
- 第一段階は，カルボン酸の酸ハロゲン化物，ここでは，酸臭化物への変換である。
- 第二段階はエノールと臭素の反応，第三段階は酸臭化物の加水分解である。

185

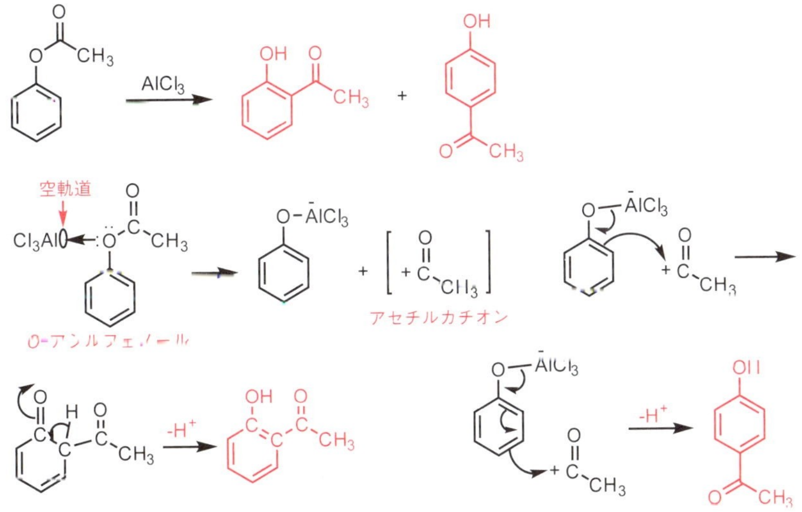

ポイント
- 本反応は，フリース転位(Fries rearrangement)と呼ばれ，O-アシルフェノールをルイス酸で処理すると，オルトやパラ位にアシル基が置換したフェノール類が生成する。
- 反応は，アセチルカチオン(acetyl cation)中間体を経て進行する。

186

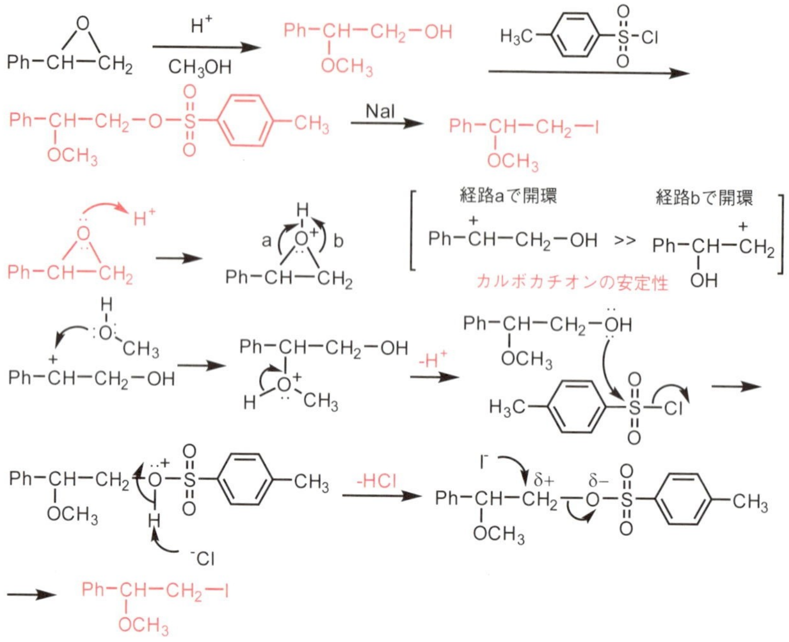

反応機構図は省略(オキシランの酸触媒開環→トシル化→NaIによるSN2置換)

ポイント
- 第一段階は，オキシラン(oxirane)の開環であり，生成するカルボカチオンの安定性が重要である。(経路aから生成するカルボカチオンは，ベンゼン環との共鳴により非局在化されるためかなり安定である)
- p-トルエンスルホニル基(p-CH$_3$C$_6$H$_4$SO$_2$-：p-toluenesulfonyl group)は，よい脱離基である。
- 最終段階は，典型的なS$_N$2機構で反応が進行する。

187

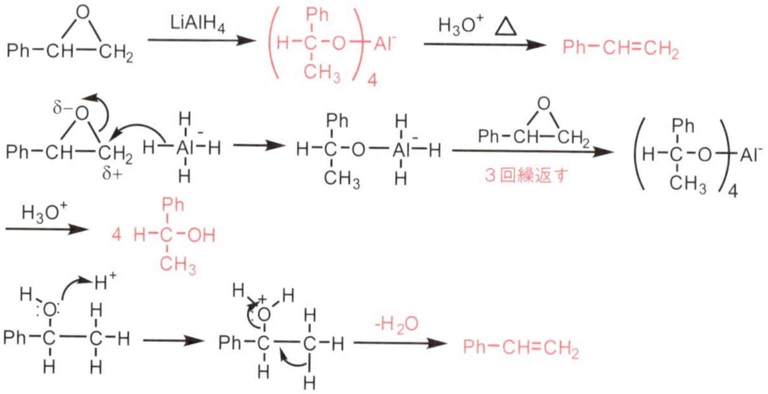

反応機構図は省略(LiAlH$_4$によるオキシラン開環→酸加水分解→脱水)

ポイント
- 第一段階は，ヒドリドイオン(H$^-$：hydride ion)がより立体障害が少ない炭素を求核攻撃し開環する。
- 1モルのLiAlH$_4$から4モルのアルコールが生成する。
- 最終段階は，加熱による脱水反応であり，アルケンが生成する。

188

ポイント
- 本反応は，マロン酸エステル合成(malonic ester synthesis)と呼ばれる。
- 第一段階は，カルボアニオン(carbanion)の生成と，それに続く典型的な S_N2 反応である。
- α-ジカルボン酸は，加熱により容易に脱炭酸(decarboxylation)が起こる。

189

ポイント
- 本反応は，デス-マーチン酸化(Dess-Martin oxidation)と呼ばれ，アルコール類を 1,1,1-トリス(アセトキシ)-1,1-ジヒドロ-1,2-ベンズイオドキソール-3-(1H)-オン(DMP：Dess Martin Periodinane)で処理すると対応するカルボニル化合物が生成する。
- 第一段階は，DMPと1当量のアルコールの反応による，ジアセトキシアルコキシペリオジナン(diacetoxyalkoxyperiodinane)の生成である。
- 第二段階は，アルコールのα-水素がアセタートイオン(acetate ion)により引抜かれ，カルボニル化合物とイオジナン(iodinane)が生成する。

190

ポイント
- 本反応は，ファヴォルスキー転位(Favorskii rearrangement)と呼ばれ，α-位に水素をもつα-ハロケトンを求核試薬(アルコール，アミン，水など)存在下，強塩基で処理するとカルボン酸誘導体(エステル，アミドなど)が生成する。
- シクロプロパノン中間体(cyclopropanone intermediate)を経由する骨格転位が起こる。

191

ポイント
- 本反応は，ドーリング-ラフラムアレン合成(Doering-LaFlamme allene synthesis)と呼ばれ，アルケンからアレン(C=C=C : allene)が生成する。
- 第一段階は，ブロモホルム($CHBr_3$: bromoform)と水酸化物イオンの反応によるジブロモカルベン(dibromocarbene)の生成である。
- 第二段階は，ジブロモシクロプロパン(dibromocyclopropane)の生成である。
- 第三段階は，リチウム-臭素交換，それに続く環開裂反応によるアレンの生成である。

192

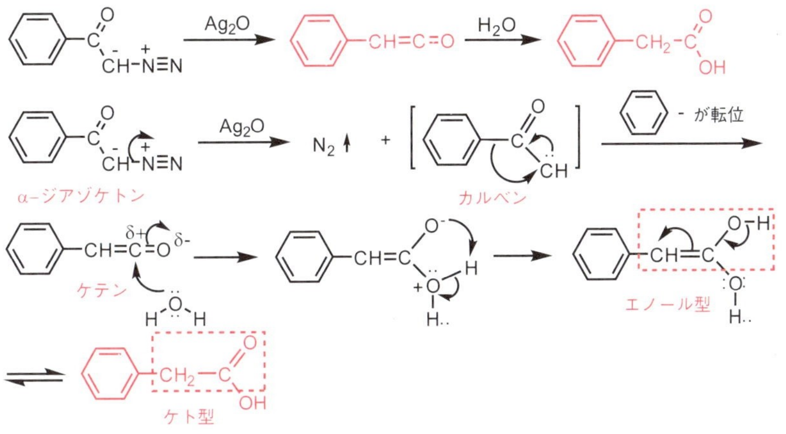

[Wolff転位の反応機構図]

α-ジアゾケトン → カルベン → ケテン → エノール型 → ケト型

ポイント
- 本反応は，ウォルフ転位(Wolff rearrangement)と呼ばれ，α-ジアゾケトン(α-diazoketone)からケテン(ketene)及びケテンから誘導される化合物が生成する。
- 第一段階は，α-ジアゾケトン(α-diazoketone)から窒素が脱離し，カルベン(carbene)中間体が生成する。
- 第二段階は，カルベンから $C_6H_5^-$ が転位し，ケテンが生成する。

193

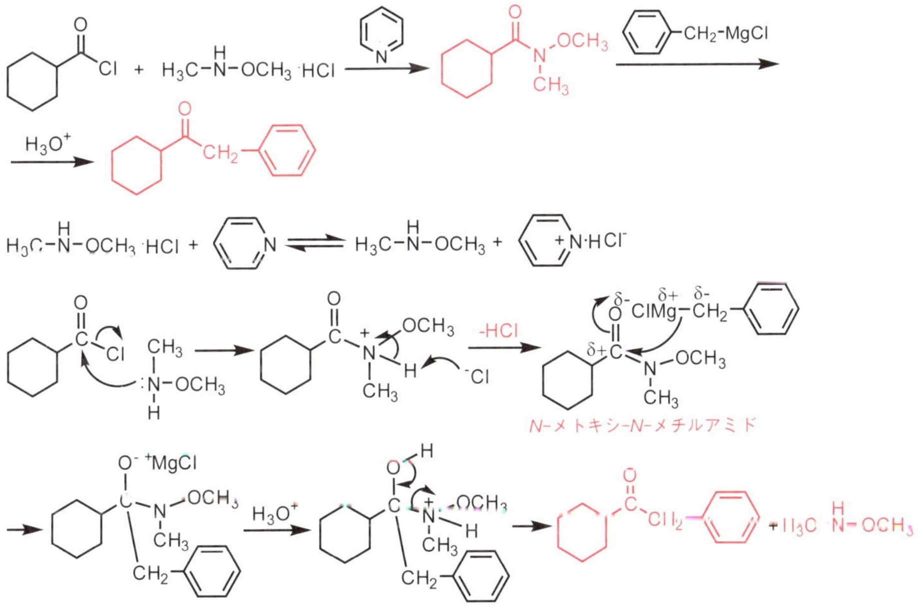

[Weinrebケトン合成の反応機構図]

N-メトキシ-N-メチルアミド

ポイント
- 本反応は，ワインレブケトン合成(Weinreb ketone synthesis)と呼ばれ，N-メトキシ-N-メチルアミド(Weinrebのアミド)にグリニャール試薬(Grignard reagent)のような有機金属試薬(organometallic reagent)を反応させるとケトンが生成する。
- Weinrebのアミドにグリニャール試薬が求核的に攻撃する。

194

ポイント
- 本反応は，サイファース–ギルバート増炭(Seyferth-Gilbert homologation)と呼ばれ，塩基性条件下，α-ジアゾホスホナート(α-diazophosphonate)とカルボニル化合物を反応させるとアルキン(alkyne)が生成する。
- オキサホスフェタン(oxaphosphethane)型中間体を経由する。
- 最終段階では，脱窒素，Ph⁻の転位，三重結合の形成が協奏的に進行する。

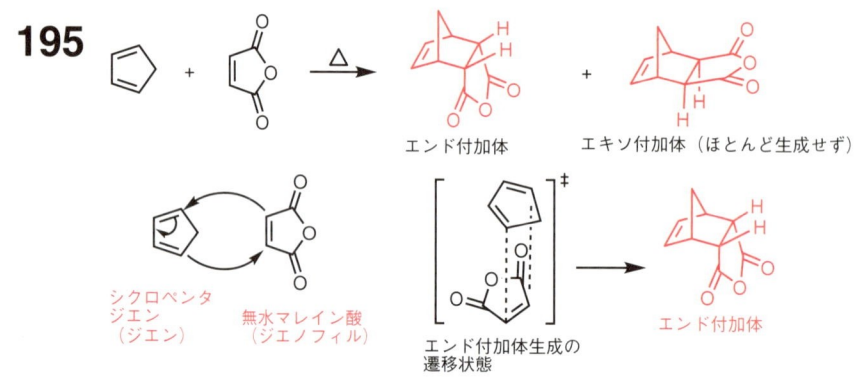

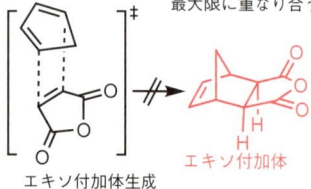

195

ポイント
- 本反応は，ディールス–アルダー反応(Diels-Alder reaction)と呼ばれ，ジエン(diene：共役 4π 電子系)とジエノフィル(dienophile：2π 電子系)との[$4\pi+2\pi$]付加環化反応(cycloaddition)である。
- 本反応は立体選択的に進行し，エンド付加体(*endo*-adduct)が生成する。

196

ポイント

- 本反応は、山口マクロラクトン化(Yamaguchi macrolactonization)と呼ばれ、混合酸無水物(mixed anhydride・2種類のカルボン酸の脱水から得られる無水物)のアルコール分解によって中員環(medium ring)及び大員環(large ring)のラクトン(lactone)類が生成する。
- 高希釈(high dilution)条件を用い、分子内環化反応(intramolecular cyclization)を優先させる。

197

ポイント

- 本反応は，向山-コーリー-ニコラウマクロラクトン化(Mukaiyama-Corey-Nicolaou macrolactonization)と呼ばれ，ヒドロキシカルボン酸(hydroxycarboxylic acid)を2,2'-ジピリジルジスルフィド(2,2'-dipyridyl disulfide)とトリフェニルホスフィン(Ph_3P : triphenylphosphine)で処理すると，大員環ラクトン(large-ring lactone)が生成する。
- 第一段階は，PPh_3の硫黄原子への求核攻撃，それに続く$Ph_3P=O$の脱離による2-ピリジンチオールエステル(2-pyridinethiol ester)の生成である。
- 第二段階は，ピリジンチオールエステルの分子内プロトン移動による六員環構造を含む双極中間体(dipole intermediate)の生成である。
- 第三段階は，アルコキシドイオンのカルボニル炭素への攻撃，それに続く四面体型中間体(tetrahedral intermediate)からの2-ピリジンチオン(2-pyridinethione)の脱離による大員環ラクトン類の生成である。

198

[Reaction scheme: 3,3-dimethylbutanal + CBr₄, PPh₃ → dibromoalkene; i) CH₃CH₂CH₂CH₂Li, ii) H₃O⁺ → (CH₃)₃C-CH₂-C≡CH]

Mechanism:

Br₃C–Br + :PPh₃ → [Br–PPh₃⁺ ⁻CBr₃ ⇌ Br⁻ Br₂C–Br–PPh₃⁺] →

Ph₃P⁺–C⁻(Br)Br (リンイリド) + Ph₃PBr₂

アルデヒド + イリド → betaine → oxaphosphetane → −Ph₃P=O → ジブロモアルケン

[(CH₃)₃C-CH₂-CH=CBr₂] + ⁻CH₂CH₂CH₂CH₃ Li⁺ → −CH₃CH₂CH₂CH₂Br →

[(CH₃)₃C-CH₂-CH=C(Br)Li] + ⁻CH₂CH₂CH₂CH₃ Li⁺ → −CH₃CH₂CH₂CH₃, −LiBr → (CH₃)₃C-CH₂-C≡C-Li (リチウムアセチリド)

H₃O⁺ → (CH₃)₃C-CH₂-C≡CH 4,4-ジメチルペンチン

ポイント

・本反応は，コーリー–フックスアルキン合成(Corey-Fuchs alkyne synthesis)と呼ばれ，出発原料のアルデヒドより一炭素増炭したアルキン(alkyne)が生成する。

・第一段階は，四臭化炭素とトリフェニルホスフィンの反応によるリンイリド(phosphonium ylide)の生成である。

・第二段階は，アルデヒドとリンイリドの反応によるジブロモアルケン(dibromoalkene)の生成である。

・第三段階は，BrとLiの交換反応，脱HBr，それにより生じたリチウムアセチリド(lithium acetylide)の加水分解によりアルキン，ここでは4,4-ジメチルペンチン(4,4-dimethylpentyne)が生成する。

199

ポイント

- 本反応は，バートン–マッコンビーラジカル脱酸素化反応(Barton-McCombie radical deoxygenation)と呼ばれ，ラジカル反応を通して，アルコールのヒドロキシ基を水素で置換する。
- 第一段階は，アルコールに NaH 存在下，二硫化炭素とヨウ化メチルの反応によるキサントゲン酸メチル(methyl xanthate)の生成である。
- 第二段階は，AIBN(azabisisobutyronitrile)の熱分解によるラジカルの生成，それに続くトリブチルスズラジカル(tributyltin radical)の生成である。
- 第三段階は，キサントゲン酸メチルとトリブチルスズラジカルの反応による脱酸素化である。

200

*は炭素の同位体(isotope)^{14}Cを示す

ポイント
- 強塩基$^-NH_2$の作用によりHClが脱離し，中間体ベンザイン(benzyne)が生成する。
- 本反応は形式的には芳香族求核置換反応(aromatic nucleophilic substitution)だが，実際は脱離－付加反応(elimination-addition reaction)である。
- ベンザインの生成は，以下の水素同位体効果の実験及びディールス－アルダー反応(Diels-Alder reaction)により証明された。

同位体効果の実験

ポイント
- 水素と重水素置換ベンゼンの反応速度比が$k_H/k_D=5.5$となり，同位体効果(isotope effect)が認められたことから，以下のことが明らかである。
  1) 水素引抜きが本反応の律速段階(rate-determining step)である。
  2) もともと結合していた置換基(ここでは，Br)が他の置換基(NH_2)に直接置き換わるイプソ置換(*ipso* substitution, *ipso*とはラテン語でitselfのこと)ではない。

Diels-Alder反応

ポイント
- 本反応は，フラン(furan)をジエン(diene)，ベンザインをジエノフィル(dienophile)とする典型的なDiels-Alder反応である。

参考文献

この演習テキストを作成するにあたって，主に以下の教科書を参考にしました．

・加藤明良，『有機反応のメカニズム』，三共出版
・P. Sykes（久保田尚志訳），『有機反応機構』，東京化学同人
・K. P. C. Vollhardt and N. E. Schore（古賀憲司・野依良治・村橋俊一監訳，大嶌幸一郎・小田嶋和徳・戸部義人訳，『現代有機化学（上，下）』，化学同人
・Clayden・Greeves・Warren・Wothers 著，野依良治・奥山格・柴﨑正勝・檜山爲次郎監訳，『ウォーレン有機化学（上，下）』，東京化学同人
・Maitland Jones Jr. 著，奈良坂紘一・山本学・中村栄一監訳，大石茂郎・尾中篤・正田晋一郎・武井尚，『ジョーンズ有機化学（上，下）第3版』，東京化学同人
・橋本静信・村上幸人・加納航治，『基礎有機反応論』，三共出版
・稲本直樹・秋葉欣哉・岡崎廉治，『演習有機反応』，南江堂
・吉原正邦・神川忠雄・上方宣政・藤原尚・鍋島達弥，『有機化学演習』，三共出版
・日本薬学会編，『知っておきたい有機反応100』，東京化学同人
・L. Kürti and B. Czakó（富岡清監訳），『人名反応に学ぶ有機合成戦略』，化学同人
・東郷秀雄，『有機人名反応 そのしくみとポイント』，講談社
・有機合成化学協会編，『演習で学ぶ有機反応機構―大学院入試から最先端まで』，化学同人
・P. Y. Bruice, "Organic Chemistry Fourth Edition", Pearson Prentice Hall
・J. B. Hendrickson, D. J. Cram, G. S. Hammond, "Organic Chemistry", McGraw-Hill

索引

あ 行

亜鉛　25
亜鉛エノラート　114
亜塩素酸ナトリウム　78
アザ-イリド　83
アザ-クライゼン転位　72
アジド　83
亜硝酸　92
亜硝酸ナトリウム　16
アシルアジド　51
アシルカチオン　19
アシル化反応　12
アシロイン縮合　94
アセタートイオン　117
アセチリド　6, 8, 12
アセチルカチオン　115
アゾ化合物　21
アゾジカルボン酸ジアルキル　103
アダムス触媒　73
アマルガム　89
アミノアルケン　59
2-アミノエタノール　10
亜硫酸水素ナトリウム　25
アリルアルコール　112
アリル基　52
アリルビニルエーテル　71
アリルラジカル　62, 65
亜リン酸トリエステル　12
アルキルアリールエーテル　90
アルキン　123
アルコキシスルホニウムイリド　13, 104
アルコキシドイオン　7
アルジミン塩酸塩　111
アルドール　33, 99
アルドール縮合　33, 99
アルブゾフ反応　12
アルミニウム tert-ブトキシド　79
アルミニウムアルコキシド　41
アルミニウムイソプロポキシド　78
アレニウムイオン中間体　14
アレン　118
アンチ　47, 53
アンチ脱離　55
アンチ付加　23
アンチペリプラナー　55
安定イリド　102

イオジナン　117
異性化反応　82
一重項カルベン　66
イソシアナート　50, 51, 52
イソシアニド　110
一級カルボカチオン　26
イミニウムイオン　13, 84
イミニウム塩　44, 98, 110
イミニウムカチオン　38
イミノエーテル　106
イミノホスホラン　83
イミン　39
イミン-エナミン互変異性　72

ウィッティッヒ反応　97, 102
ウィリアムソンエーテル合成　7
ウォルフ-キシュナー還元　88
ウォルフ転位　46, 119
ウギ四成分反応　110
ウルツカップリング　13

エーテル　11
エステル交換反応　44
エチルカチオン　19
エチレンクロロヒドリン　9
エナミン　13, 85
エノラートイオン　33, 39, 99
エポキシド　9
塩化イミドイル　111
塩化オキサリル　94
塩化銀　53
塩化水銀　114
塩化ナオール　83
塩化物イオン　89
塩化ホスホリル　98
エンド付加体　120
エン反応　112

オキサホスフェタン　97, 102, 120
オキシコープ転位　70
オキシ水銀化-脱水銀化反応　96
オキシム　36, 53, 86
オキシラン　9, 27, 87, 95, 116
オキセタン　8
オゾニド　97
オゾン　25
オゾン分解　25, 97

オッペナウアー酸化　79
E1cB 反応　56
E1 反応　56
E2 反応　55
N,N'-ジシクロヘキシルカルボジイミド　104
N,N-ジメチルホルムアミド　98
N-アシルイミダゾール　43
N-イリド　50
N-ニトロソアニリン　92
N-ブロモコハク酸イミド　65
N-メトキシ-N-メチルアミド　119
O-アセチル化反応　83
α,β-エポキシエステル　43
α,β-不飽和アルデヒド　99
α,β-不飽和エステル　108
α,β-不飽和カルボニル化合物　34, 42
α,β-不飽和カルボン酸　101
α,β-不飽和ケトン　42
α-ジアゾケトン　119
α-ジアゾホスホナート　120
α-ハロカルボン酸　115
α-ハロゲン化反応　28
α-ヒドロキシカルボン酸　50

か 行

開環反応　85
開始　63
架橋アニオン　52
過酸化ベンゾイル　65, 65, 109
カチオンの非局在化　29, 91
活性メチレン　12, 42
活性メチレン化合物　101
ガッターマン-コッホホルミル化　21
カニッツァロ反応　40
ガブリエルアミン合成　10
過マンガン酸カリウム　27, 73, 76
カリウムエトキシド　17
カルベノイド　67
カルベン　46, 119
カルボアニオン　9, 12, 33, 43, 52, 56, 59, 86, 98, 102, 112, 117
カルボカチオン　3, 5, 11, 23,

26, 29, 49, 53, 54, 56, 93, 95,
105, 107, 108, 111
カルボカチオンの非局在化　108
カルボキシラートイオン　88
カルボニルジイミダゾール　43
環拡大反応　107
還元剤　73, 87
還元的カップリング　94
還元的脱炭酸反応　100
還元的二量化　64
還元反応　73
官能基変換反応　37

キサントゲン酸エステル　61
キサントゲン酸メチル　124
逆マルコウニコフ則　24, 64
キャロル転位　71
求核試薬　2
求核置換反応　2
求核付加反応　30
求電子試薬　14, 18, 93
求電子置換反応　14
求電子付加反応　23
競争反応　55
協奏反応　3, 55, 95
共鳴構造　82
供与体　40
極性反応　68
極性変換　114
均一開裂　62, 105, 109
金属水素化物　30, 37

クネベナーゲル縮合　101
クメンヒドロペルオキシド転位　54
クライゼン縮合　39
クライゼン転位　71
クリーゲー酸化　77
グリニャール試薬　6, 8, 31, 36,
37, 119
グリニャール反応　31, 84, 113
クルチウス転位　47, 51
クレメンゼン還元　89
クロム酸エステル　76

クロロスルホニウム塩　94

ケタール　113
ケテン　46
ケト-エノール互変異性　28, 29,
42, 70, 94

高希釈　121
コープ脱離　61
コープ転位　70
コーリー-フックスアルキン合成
123
コーンブラム酸化　13
コルベ反応　21
混合酸無水物　121

γ,δ-不飽和アミド　71
γ,δ-不飽和ケトン　71

さ 行

ザイツェフ則　57
サイファース-ギルバート増炭
120
酢酸イオン　9
酢酸水銀　86
酸塩化物　38, 85
酸化剤　73, 87
酸化反応　73
三級カルボカチオン　26
三酸化イオウ　20
三臭化ホウ素　8
三重項カルベン　66

ジ-*tert*-ブチルペルオキシド　64
ジアセトキシアルコキシペリオジナン
117
ジアゾカップリング反応　21
ジアゾニウム塩　49
ジアゾメタン　46, 88
1,3-ジチアン　114
シアノヒドリン　38
シアン化水素　38
シアン化ナトリウム　102
シアン化物イオン　110
シーマン反応　16
ジエノフィル　68, 120, 125
ジエノン-フェノール転位　113
ジエン　120, 125
1,5-ジエン　70
1,2-ジカルボニル化合物　77
シグマトロピー転位　68
[1,5]シグマトロピー転位　69
[2,3]シグマトロピー転位　112
[3,3]シグマトロピー転位　69, 70
シクロプロパノン中間体　118

シクロヘキサジエン　79
ジクロロカルベン　93
自己縮合　39
四酢酸鉛　77
ジフェニルカルベン　66
ジフェニルジアゾメタン　66
2,2'-ジピリジルジスルフィド　122
ジブロモアルケン　123
ジブロモカルベン　118
ジメチルスルフィド　25, 97
ジメチルスルホキシド　13, 87, 94
ジメチル硫酸　7
四面体型中間体　122
シモンズ-スミスシクロプロパン化
67
臭化銀　54
重水　82
重水素化　82
重水素化アルミニウムリチウム　10
臭素化剤　7
ジュタウディンガー反応　83
シュミット転位　47, 50
除去剤　78
触媒　18, 110
ショッテン-バウマン反応　38
シン付加　27, 66

水酸化物イオン　88
水素化アルミニウムリチウム　30,
37
水素化ナトリウム　9
水素化ホウ素ナトリウム　30, 35
水和　26, 28, 42
スチーブンアルデヒド合成　111
スティーブンス転位　52
ステッター反応　110
ストレッカーアミノ酸合成　39
スニーカスオルトメタル化　82
スルフィド　11
スルホン化反応　20

接触還元　73
接触水素化　73
接触水素化分解　73
遷移状態　2

双極中間体　122
ソムレ-ハウザー転位　50

C-アルキル化　12

索　引

C-ニトロソ　86
δ-ラクトン　104

た 行

大員環　121
大員環ラクトン　122
脱水　59
脱水素化反応　86
脱炭酸　50, 51, 71, 98
脱離基　2, 37, 83, 86
脱離反応　55
脱離-付加反応　125
脱水剤　83
ダルツェンス反応　43

チェガエフ脱離　61
チオシアン酸イオン　5
中員環　121
中間体　3
超共役　28

ディークマン縮合　40
ディールス-アルダー反応　69, 120, 125
停止　63
ティシュチェンコ反応　41
ティフノー-デミヤノフ転位　107
デーキン酸化　106
デス-マーチン酸化　117
デミヤノフ転位　107
転位反応　45
電気陰性度　36
電子環状反応　68
電子求引基　59, 79
電子供与基　79

同位体効果　125
トランス脱離　55, 60
トランス付加　23
トリアルキルアミン-N-オキシド　61
トリアルキルホスフィン　100
トリフェニルホスフィン　25, 87, 122
トリブチルスズラジカル　124
トリフェニルホスフィンオキシド　97
tert-ブトキシラジカル　64, 109

な 行

ナトリウムアミド　6, 50
二酸化炭素　36
ニトロ化反応　18
ニトロソニウムイオン　18, 107
ニトロメタン　112
二量体　13

は 行

パーキン反応　101
バージェス脱水反応　60
バーチ還元　79
バートン-マッコンビーラジカル脱酸素化反応　124
バートンラジカル脱炭酸反応　100
パール-クノルフラン合成　103
背面攻撃　2, 90
バイヤー-ビリガー酸化　104
バタフライ形遷移状態　67
バルツ-シーマン反応　22

非共有電子対　2
ヒドラジン　35
ヒドラゾン　35
ヒドリドイオン　30, 35, 37, 38, 40, 93, 96, 116
ヒドロキシカルボン酸　122
ヒドロキシルアミン　36
ヒドロペルオキシドアニオン　106
ヒドロホウ素化　24, 96
ピナー反応　106
ピナコールカップリング　64
ピナコール-ピナコロン転位　45, 105, 111
ピニック酸化　78
ピリジニウムイオン　83, 86, 90
ピリジン N-オキシド　86
ビルスマイヤー反応　98

フィツナー-モファット酸化反応　104
フェニルイソシアニド　110
フェニルカチオン　16, 22, 92
フェニルラジカル　65, 109
付加環化反応　68, 120
不均一開裂　62

不均化　40
ブチルリチウム　8
フリース転位　115
フリーデル-クラフツアシル化　19, 20
フリーデル-クラフツアルキル化　19, 20, 93
ブリレシャエフ反応　95
ブロモヒドリン　27
ブロモニウムイオン　23, 27
ブロモホルム　118
分子内アルドール縮合　99
分子内アルドール反応　84
分子内環化反応　121
分子内脱水反応　103

ベックマン転位　47, 53
ヘテロリシス　62
ペリ環状反応　68
ヘル-フォルハルト-ゼリンスキー反応　115
ベンザイン　125
ベンジルカチオン　91
ベンジル基　52
ベンジル酸転位　50
ベンジルラジカル　62
ベンゼンジアゾニウム塩　16, 92
ベンゼンジアゾニウムテトラフルオロボラート　22
ベンゾイルアジド　51
ベンゾイルカチオン　50
ベンゾイルラジカル　109
ベンゾイン縮合　102
ヘンリー反応　41

芳香族求核置換反応　125
保持　89
ホスファジド　83
ホフマン則　57
ホフマン転位　47, 51
ホフマン分解　59
ホモリシス　62
ホルミルカチオン　21

p-トルエンスルホニル基　3, 11, 87, 116
vic-ジオール　77
β-ジケトン　85
β-ニトロアルコール　41

索 引

ま 行

マーキュリニウムイオン　96
マイケル付加　34, 42, 84, 108
マイゼンハイマー錯体　17, 22
マルコウニコフ則　24, 26, 29
マロン酸エステル合成　98, 117
マンニッヒ反応　44

無水酢酸　101
向山 - コーリー - ニコラウマクロラクトン化　121

メーヤワイン - ポンドルフ - バーレー還元　78
メチル化剤　7
2-メルカプトエタノール　11

モロゾニド　97

m-クロロ過安息香酸　95, 104

や 行

山口マクロラクトン化　121

有機金属試薬　119
有機リチウム試薬　31, 36, 82

ら 行

ライマー - ティーマン反応　93
ライレー二酸化セレン酸化　77
ラクトン　121
ラジカル　62
ラジカルアニオン　64
ラジカルの非局在化　105
ラジカル連鎖反応　63
ラネーニッケル　74

リチウムアセチリド　123
律速段階　3, 14, 16, 40, 57, 125
硫化水銀　28, 29

リンイリド　97, 123
リンドラー還元　74
リンベタイン　97

ルイス塩基　8
ルイス酸　8, 14

レフォルマトスキー反応　114

ローゼムント還元　74, 85
ロッセン転位　47, 52
ロビンソン環化　84

わ 行

ワインレブケトン転位　119
ワグナー - メーヤワイン転位　49
ワルデン反転　3, 5

INDEX

A

acetate ion　9, 117
acetic anhydride　101
acetyl cation　115
acetylide　6, 8, 12
acid chloride　38, 85
active methylene　12, 42
active methylene compound　101
acyl azide　51
acylation　12
acyl cation　19
acyloin condensation　94
Adams's catalyst　73
AIBN　100
aldimine hydrochloride　111
aldol　33, 99
aldol condensation　33, 99
alkoxide ion　7
alkoxysulfonium ylide　13, 104
alkyl aryl ether　90
alkyne　123
allene　118
allyl alcohol　112
allyl group　52
allyl radical　62, 65
allyl vinyl ether　71
aluminium isopropoxide　78
aluminium alkoxide　41
aluminium *tert*-butoxide　79
amalgam　89
aminoalkene　59
2-aminoethanol　10
anti　47, 53
anti elimination　55
anti-addition　23
anti-Markovnikov rule　24, 64
anti-periplanar　55
Arbuzov reaction　12
arenium ion intermediate　14
aromatic nucleophilic substitution　22, 125
aza-Claisen rearrangement　72
aza-ylide　83
azide　83
azo compound　21
azobisisobutyronitrile　100, 124

B

back-side attack　2, 90
Baeyer-Villiger oxidation　104
Balz-Schiemann reaction　22
Barton-McCombie radical deoxygenation　124
Barton radical decarboxylation reaction　100
Baylis-Hillman reaction　100
Beckmann rearrangement　47, 53
benzene diazonium salt　16, 92
benzene diazonium tetrafluoroborate　22
benzilic acid rearrangement　50
benzoin condensation　102
benzoyl azide　51
benzoyl cation　50
benzoyl peroxide　65, 109
benzoyl radical　109
benzyl cation　91
benzyl group　52
benzyl radical　62
benzyne　125
Birch reduction　79
boron tribromide　8
BPO　65, 109
bridged anion　52
bromoform　118
bromohydrin　27
bromonium ion　23, 27
Burgess dehydration reaction　60
butterfly-type transition state　67
butyl lithium　8

C

C-alkylation　12
Cannizzaro reaction　40
carbanion　9, 12, 33, 52, 56, 59, 86, 98, 102, 112, 117
carbene　119
carbenoid　67
carbocation　3, 5, 11, 23, 26, 29, 43, 49, 53, 54, 56, 93, 95, 105, 107, 108, 111
carbonyl diimidazole　43
carboxylate ion　88
Carroll rearrangement　71
catalyst　18, 110
catalytic hydrogenation　73
catalytic hydrogenolysis　73

catalytic reduction　73
chloride ion　89
chlorosulfonium salt　94
chromate ester　76
Chugaev elimination　61
Claisen condensation　39
Claisen rearrangement　71
Clemmensen reduction　89
C-nitroso　86
competitive reaction　55
concerted reaction　3，55，95
Cope eliminiation　61
Cope rearrangement　70
Corey-Fuchs alkyne synthesis　123
Criegee oxidation　77
cumene hydroperoxide　54
cumene hydroperoxide rearrangement　54
Curtius rearrangement　47，51
cyanohydrin　38
cycloaddition　68，120
cyclohexadiene　79
cyclopropanone intermediate　118

D

DABCO　100
Dakin oxidation　106
Darzens reaction　43
DCC　104
decarboxylation　50，51，71，98，117
dehydration　59
dehydration agent　83
Demjanov rearrangement　107
Dess-Martin oxidation　117
Dess-Martin periodinane　117
deuterium oxide　82
deutration　82
1,2-dicarbonyl compound　77
diacetoxyalkoxyperiodinane　117
dialkyl azodicarboxylate　103
1,4-diazabicyclo[2.2.2]octane　100
diazo-coupling reaction　21
diazomethane　46，88
dibromoalkene　123
dibromocarbene　66，118
dichlorocarbene　93
Dieckmann condensation　40
Diels-Alder reaction　69，120，125
diene　120，125
1,5-diene　70

Dienone-phenol rearrangemant　113
dienophile　68，120，125
dimer　13
dimethyl sulfoxide　13，94，104
dimethyl sulfate　7
dimethyl sulfide　25，97
diphenylcarbene　66
diphenyldiazomethane　66
dipol intermediate　122
2,2'-dipyridyl disulfide　122
disproportionation　40
di-*tert*-butyl peroxide　64
1,3-dithiane　114
DMF　98
DMP　117
DMSO　104
Doering-LaFlamme allene synthesis　118

E

E　60
E1cB　59
electrocyclic reaction　68
electron-withdrawing group　59，79
electron-donating group　79
electronegativity　36
electrophile　18，93
electrophilic addition　23
electrophilic substitution　14
electrophile　14
elimination　55
elimination-addition reaction　125
enamine　13，85
endo-adduct　120
ene reaction　112
enolate ion　33，39，99
epoxide　9
ether　11
ethylene chlorohydrin　9

F

Favorskii rearrangement　118
formyl cation　21
Friedel-Crafts acylation　19，20，
Friedel-Crafts alkylation　19，20，93
Fries rearrangement　115

G

Gabriel amine synthesis 10
Gattermann-Koch formylation 21
Grignard reaction 31, 84, 113
Grignard reagent 6, 8, 31, 36, 37, 119

H

Hell-Volhard-Zelinsky reaction 115
Henry reaction 41
heterolysis 62
heterolytic fission 62
high dilution 121
highest occupied molecular orbital 120
Hofmann degradation 59
Hofmann rearrangement 47, 51
Hofmann rule 57
HOMO 120
homolysis 62
homolytic cleavage 105, 109
homolytic fission 62
hydration 26, 28, 29, 42
hydrazide 88
hydrazine 35
hydrazone 35
hydrid ion donor 40
hydride ion 30, 35, 37, 40, 93, 96, 116
hydroboration 24, 96
hydrogen cyanide 38
hydroperoxide anion 106
hydroxide ion 88
hydroxycarboxylic acid 122
hydroxylamine 36
hyperconjugation 28

I

imidoyl chloride 111
imine 39
imine-enamine tautomerism 72
iminium cation 38
iminium ion 13, 84
iminium salt 44, 98, 110
imino ether 106
iminophosphorane 83
initiation 63
intermediate 3
intramolecular aldol condensation 84, 99
intramolecular cyclization 121

intramolecular dehydratioin 103
inversion 90
iodinane 117
ipso substitution 125
isocyanate 50, 52
isocyanide 110
isomerization 82
isotope effect 125

K

ketal 113
ketene 46
keto-enol tautomerism 28, 29, 42, 70, 94
Knoevenagel condensation 101
Kolbe reaction 21
Kornblum oxidation 13

L

lactone 121
large ring 121
large-ring lactone 122
lead tetraacetate 77
leaving group 2, 37, 83, 86
Leuckart reaction 40
Lewis acid 14
Lindlar reduction 74
lithium acetylide 123
lithium aluminum deuteride 10
lithium aluminum hydride 30, 37
Lossen rearrangement 47, 52
lowest unoccupied molecular orbital 120
LUMO 120

M

malonic ester synthesis 98, 117
Mannich reaction 44
Markovnikov rule 24, 26, 29
m-chloroperbenzoic acid 95, 104
*m*CPBA 104
medium ring 121
Meerwein-Ponndorf-Verley reduction 78
Meisenheimer complex 17, 22
2-mercaptoethanol 11
mercurinium ion 96
mercury(II)acetate 86
mercury(II)chloride 114
mercury(II)sulfate 28, 29

metal hydride 30, 37
methyl xanthate 124
Michael addition 34, 42, 84, 108
Mitsunobu reaction 103
mixed anhydride 121
molozonide 97
Mukaiyama-Corey-Nicolaou macrolactonization 122

N

N,N-dicyclohexylcarbodiimide 104
N,N-dimethylformamide 98
N-acylimidazole 43
N-bromosuccinimide 65
NBS 65
Nef reaction 112
nitronium ion 18
nitrosonium ion 107
nitrous acid 92
nitration 18
nitromethane 112
N-nitrosoaniline 92
nucleophile 2
nucleophilic addition 30
nucleophilic substitution 2
N-ylide 50

O

O-acetylation 83
Oppenauer oxidation 79
organolithium reagent 31, 36, 82
organometallic reagent 119
oxalyl chloride 94
oxaphosphetane 97, 120
oxetane 8
oxidation 73
oxidizing agent 73, 87
oxime 36, 53, 86
oxirane 9, 27, 87, 95, 116
Oxy-Cope rearrangement 70
oxymercuration-demercuration 96
ozone 25
ozonide 97
ozonolysis 25, 97

P

Paal-Knorr furan synthesis 103
pericyclic reaction 68

Perkin reaction 101
Pfitzner-Moffatt oxidation 104
Ph_3P 25, 122
phenyl cation 16, 22, 92
phenyl isocyanide 110
phenyl radical 65, 109
phosphazide 83
phosphonium ylde 123
phosphorus betaine 97
phosphorus ylide 97
phosphoryl chloride 98
pinacol coupling 64
pinacol-pinacolone rearrangement 45, 105, 111
Pinner reaction 106
Pinnick oxidation 78
polar reaction 68
potassium ethoxide 17
potassium permanganate 27, 73, 76
Prilezhaev reaction 95
propagation 63
p-toluenesulfonyl group 3, 11, 87, 116
pyridine N-oxide 86
pyridinium ion 83, 86, 90

R

radical 62
radical anion 64
radical chain reaction 63
Raney nickel 74
rate-determining step 3, 14, 16, 40, 57, 125
rearrangement 45
reducing agent 73, 87
reduction 73
reductive coupling 94
reductive dimerization 64
Reformatsky reaction 114
Reimer-Tiemann reaction 93
resonance structure 82
retention 89
Riley selenium oxide oxidation 77
ring-opening reaction 85
Robinson annulation 84
Rosenmund reduction 74, 85

S

Sandmeyer reaction 16, 92
Saytzeff rule 57
scavenger 78

Schiemann reaction　16
Schmidt rearrangement　47, 50
Schotten–Baumann reaction　38
selenium dioxide　112
self-condensation　39
Seyferth–Gillbert homologation　120
sigmatoropic rearrangemant　68
[1,5]sigmatoropic rearrangement　69
[2,3]sigmatoropic rearrangement　112
[3,3]sigmatoropic rearrangement　69, 70
silver bromide　54
silver chloride　53
Simmons–Smith cyclopropanation　67
singlet carbene　66
Snieckus directed ortho metalation　82
sodium amide　6
sodium borohydride　30, 35
sodium chlorite　78
sodium cyanide　102
sodium hydride　9
sodium hydrogen sulfite　25
sodium nitrite　16
Sommelet–Hauser rearrangement　50
stabilized ylid　102
Staudinger reaction　83
Stephen aldehyde synthesis　111
Stetter reaction　110
Stevens rearrangement　52
Strecker amino acid synthesis　39
sulfide　11
sulfonation　20
Swern oxidation　94
syn-addition　27, 66
syn-elimination　60

termination　63
tert-butoxy radical　64, 109
tetrahedral intermediate　122
thiocyanate ion　5
thionyl chloride　83
Tiffeneau–Demjanov rearrangement　107
Tishchenko reaction　41
trans elimination　55, 60
trans-addition　23
transition state　2
trialkylphosphine　100
tributyltin radical　124
triphenylphosphine　25, 87, 122

triphenylphosphine oxide　97
triplet carbene　66

Ugi 4-component reaction　110
umpolung　114
unshared electron pair　2

Vilsmeier reaction　98

Wagner–Meerwein rearrangement　49
Walden inversion　3, 5
Weinreb ketone synthesis　119
Williamson ether synthesis　7
Wittig reaction　97, 102
Wolff rearrangement　46, 119
Wolff–Kishner reduction　88
Wurtz coupling　13

Yamaguchi macrolactonization　121

Z　60
zinc enolate　114

α-halo carboxylic acid　115
α,β-epoxy ester　43
α,β-unsaturated aldehyde　99
α,β-unsaturated carbonyl compound　34, 42
α,β-unsaturated carboxylic acid　100
α,β-unsaturated ester　108
α,β-unsaturated ketone　42
α-diazoketone　119
α-diazophosphonate　120
α-halogenation　28
α-hydroxycarboxylic acid　50
β-diketone　85
β-nitro alcohol　41
γ,δ-unsaturated amide　71
γ,δ-unsaturated ketone　71
δ-lactone　104

著者略歴

加藤 明良（かとう あきら）

1982年	筑波大学大学院博士課程化学研究科化学専攻修了
現　在	大学教授を経て，株式会社 PRISM BioLab 主幹研究員
	理学博士
専　攻	有機化学，複素環化学，生物無機化学
著　書	有機反応のメカニズム（単著）（三共出版）
	有機化学のしくみ（共著）（三共出版）
	有機合成化学（共著）（朝倉書店）
	構造解析学（共著）（朝倉書店）

これで万全！
有機反応メカニズム演習200

2013年11月15日　初版第1刷発行

　　　　　　　　　　　ⓒ　著　者　加　藤　明　良
　　　　　　　　　　　　　発行者　秀　島　　　功
　　　　　　　　　　　　　印刷者　守　屋　孝　一

発行所　**三共出版株式会社**　東京都千代田区神田神保町3の2
郵便番号 101-0051 振替 00110-9-1065
電話 3264-5711(代) FAX3265-5149
http://www.sankyoshuppan.co.jp

一般社団法人 日本書籍出版協会・一般社団法人 自然科学書協会・工学書協会　会員

Printed in Japan　　　　　　　　　　　印刷・製本　㈱創英

JCOPY ＜(社)出版者著作権管理機構 委託出版物＞

本書の無断複写は著作権法上での例外を除き禁じられています。複写される場合は，そのつど事前に，(社)出版者著作権管理機構（電話 03-3513-6969，FAX03-3513-6979，e-mail: info@jcopy.or.jp）の許諾を得てください。

ISBN978-4-7827-0700-5